JN028829

Excelによる
アンケート分析
集計・グラフ化から統計解析まで

内田 治著

東京図書

Excel によるアンケート分析
—集計・グラフ化から統計解析まで—

はじめに

　アンケート調査は業種や分野を問わず、様々な場面で実施されているデータ収集活動の一つである。アンケート調査の目的も多岐にわたっており、企業が実施する調査では、顧客満足度調査のように問題点や改善点を発見するために行われる例が多く、大学のような教育・研究機関の研究者が実施する調査では、研究者の提唱する仮説を検証するために行われる例が多く見られる。

　パーソナル・コンピュータの普及と高機能なワープロソフトやデータ処理ソフトが登場したことにより、アンケート用紙（調査票）の作成から、調査結果の集計や解析に至るまで、自前で実施することが可能になった。このため、アンケート調査がより頻繁に実施されるようになってきている。

　本書はアンケート調査を実施しようとしている人を対象にした書籍である。アンケート調査により得られたデータの集計方法、グラフ化、統計的な解析方法についての基本的な知識を習得していただくことを目的としている。

　本書の特長はアンケートデータの処理に『Excel（エクセル）』という表計算ソフトを活用している点である。

　Excelを取り上げた理由は、

① データの集計に役立つ機能が充実している
② データを統計的に解析する機能が装備されている
③ データをグラフで表現することが容易である
④ 学生、社会人を問わず、多くの人が所持している

ことである。

　また、Excelでは計算式を入力して結果を出す場面が多々あり、このことは、実践の場では煩わしく感じる部分であるが、教育の場では、データを処理するプロセスを理解させる上で、極めて効果的なソフトであるといえる。

本書の構成はつぎの通りである。

第1章はアンケートデータを分析する上での基礎知識を述べている。データの分析において重要なことは、どのようなタイプのデータを分析しようとしているかであり、データにはどのようなタイプのものがあるかを整理して述べている。

第2章と第3章はアンケートデータの集計方法とグラフ化の方法について述べている。アンケートにおける集計は単純集計とクロス集計に大別される。単純集計とは質問ごとに集計することである。クロス集計とは、2つの質問を組み合わせて集計することである。第2章では単純集計の方法とグラフ化、第3章ではクロス集計とグラフ化の方法を解説している。

第4章はアンケート調査を実施して収集されるデータを統計的に処理する方法を紹介している。具体的には、仮説検定（有意性検定）と区間推定の方法をExcelを使って行う方法を紹介している。仮説検定と区間推定の方法は平均値を扱う場合と、比率（割合）を扱う場合では、計算式が大きく異なるので、平均値の比較と比率の比較に分けて解説している。また、クロス集計を行った結果に対する検定方法も紹介している。

第5章は2種類の数値データの関係を分析する方法を紹介している。具体的には、相関分析と回帰分析を取り上げている。

巻末の付録にはExcelの統計関数のいくつかを取り上げて、整理してある。

本書は『すぐわかるEXCELによるアンケートの調査・集計・解析』（1997）と『すぐに使えるEXCELによるアンケートの集計と解析』（2009）の内容をExcel2016とExcel2019に対応するように書き直したものである。ただし、単純にバージョンの変更部分を書き直すだけでなく、データのグラフ化に力点を置くようにしている。

最後に、東京図書株式会社編集部の松井誠氏には本書の完成にいたるまで大変お世話になった。ここに記して感謝の意を表する次第である。

2020年3月3日

著者　内田　治

目 次

第4章　　検定と推定　　　　　　　75

第5章　相関分析と回帰分析　175

◎本書では Excel 2019 を使用しています。

◎本書で使用している Excel データやマクロは、
　東京図書のホームページ（http://www.tokyo-tosho.co.jp/）から
　ダウンロードできます。

装幀◆高橋 敦（LONGSCALE）

第1章 アンケート分析の基礎知識

Section 1　アンケート調査概論

Section 2　データの性質と回答形式

Section 1 アンケート調査概論

1-1 ● アンケート調査の基本

■ 調査と実験

データの収集方法には、大きく分けて 2 つの方法がある。

① 調査によるデータの収集
② 実験によるデータの収集

調査によるデータの収集方法の代表的なものがアンケート調査である。アンケート調査とは、あらかじめ用意された質問に回答してもらうことでデータを収集する調査方法のことである。最近では、インターネットを利用したアンケート調査の例も多く見られるようになってきている。インターネットを用いたアンケート調査は、ネット調査あるいはウェブ調査と呼ばれている。調査によるデータの収集方法を体系的に整理している学問が**標本調査法**で、実験によるデータの収集方法に関する学問が**実験計画法**である。

■ アンケート調査の進め方

アンケート調査は次に示す大きな4つのステップで進めていくとよい。

Ⅰ. 計画の立案

Ⅱ. 準備と実施

Ⅲ. 集計と解析

Ⅳ. 報告と活用

最初にアンケートの計画を立て、その計画にもとづいてアンケートを実施する。次にアンケートで収集したデータを集計および解析して、その結果を報告書などの文書にまとめる。同時に、アンケート調査の結果を今後の行動に役立てるという一連の流れで進めていくことになる。

アンケートの［準備と実施］段階の具体的な内容は、次のようになる。

① 調査票（質問文と回答文）の作成

② 予備調査と先行研究

③ 調査票（質問文と回答文）の修正

④ その他の準備（調査員の教育、会場の確保など）

⑤ 本調査の実施

上記の①から④までが準備、⑤が実施に相当する。②の**予備調査**は、調査票の完成度を高めるために行われる。時間がないことを理由に、この予備調査を実施せずに本調査を行ってしまうケースをよく見かけるが、これはアンケートが失敗に終わる大きな原因の一つになっている。アンケートに用いる質問文や回答文は、最初から完全なものを作成するのは難しく、実施して初めて不備に気づくことがある。したがって、予備調査の実施は必要不可欠なプロセスである。

アンケートを実施したら、［集計と解析］の作業に移る。ここで注意しなければいけないのは、データが集まってから、すなわち、データの収集後に集計と解析の方法を決めるという態度は間違っているということである。たとえば、ある商品の所有率を知るためにアンケートを実施

したとする。アンケートのデータが集められた時点で、所有率には男女差があるかどうかを知りたくなったときに、アンケートの中で性別を聞いていなければ、その解析は不可能になる。したがって、集計や解析の方法は計画の立案段階で、すなわち、データの収集前に考えておく必要がある。

■ 母集団と標本

　アンケート調査では、調査や研究の対象となる人の集まりを**母集団**と呼んでいる。母集団をこのように定義するほかに、データの集まりと定義することもある。母集団は研究で得られた結論の適用範囲と考えることもできる。

　母集団を決めると、母集団に属する人を全員調べるのか、一部の人だけを調べるのかを決める必要がある。一部の人だけ抜き取って調べる場合、抜き取られた人の集まりを、**標本**あるいは**サンプル**と呼んでいる。このことから、全員を調べる方法のことを**全数調査**、一部の人を調べる方法のことを**標本調査**と呼んでいる。標本調査は抜取調査と呼ばれることもある。研究活動では全数調査を実施できることはほとんどなく、標本調査を用いるのが一般的である。標本調査では、標本から得られたデータを分析して、その結論は母集団に対して述べることになるので、標本は母集団を代表する人たちで構成されている必要がある。たとえば、母集団を東京在住の小学生としたならば、標本には小学1年生から6年生まで含まれている必要があるということである。母集団から標本を抜き取る行為を**サンプリング**と呼んでいる。標本が母集団を代表しているようにするためには、このサンプリングが重要になる。具体的には、標本を無作為に選ぶということである。このようなサンプリングを**ランダムサンプリング**と呼んでいる。

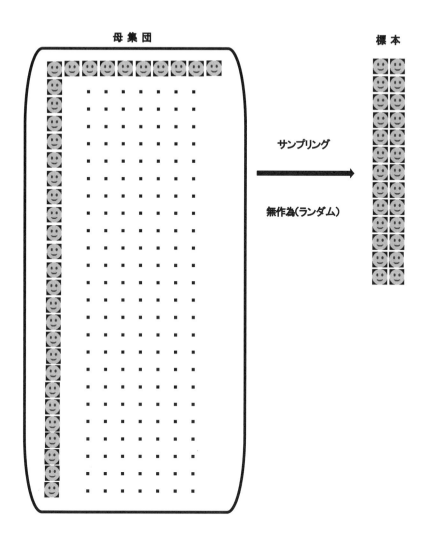

図1　母集団と標本

1-2 ● データの集計と解析

■ データの集計

　アンケート調査で収集したデータの分析は、集計と解析に大別される。集計には次の 2 種類がある。

　① 単純集計

　② クロス集計

　単純集計とは質問ごとの集計である。たとえば、性別を聞く質問をしていたとすると、男と女の人数や比率（割合）を明確にすることが単純集計である。これは質問の数だけ行われる。単純集計の結果は、**度数分布表**と呼ばれる集計表で明示するのが一般的である。

　クロス集計は 2 つの質問を組み合わせて集計することである。性別を聞く質問と、血液型を聞く質問があったとすると、男でA型、男で B 型、男でO型、男で AB 型、女で A 型、女で B 型、女で O 型、女で AB 型の人数や比率を明確にすることがクロス集計である。クロス集計の結果は、**分割表**あるいは**クロス集計表**と呼ばれる集計表で明示される。

■ データの解析

　アンケート調査で収集したデータの分析には、統計的方法による統計解析が行われる。利用頻度の高い統計的方法を次に列挙しておく。

　① 平均値に関する検定と推定

　② 比率に関する検定と推定

　③ 分割表に関する検定と連関係数

　④ 相関分析

　⑤ 回帰分析

　⑥ 分散分析

⑦ 共分散分析

⑧ ロジスティック回帰分析

⑨ 判別分析

⑩ 決定木分析

⑪ 数量化理論 I 類・II 類・III 類・IV 類

⑫ コレスポンデンス分析

⑬ 主成分分析

⑭ 因子分析（探索的因子分析・検証的因子分析）

⑮ クラスター分析

⑯ 多次元尺度構成法

⑰ 共分散構造分析

Section 2 データの性質と回答形式

2-1 ● データの種類

■ 3種類のデータ

アンケート調査で得られるデータは、次の 3 つの種類に分けることができる。

① 数量データ
② カテゴリデータ
③ テキストデータ

体重や身長などの数値で表現できるデータは、**数量データ**（あるいは**数値データ**）と呼ばれている。一方、性別や血液型などの数値では表現できないデータは、**カテゴリデータ**と呼ばれている。また、感想や意見などの文章で得られるデータを**テキストデータ**と呼んでいる。

■ 4つの測定尺度

データを 4 つの測定尺度で分けるという分類方法がある。4 つの測定尺度とは、次の通りである。

① 名義尺度
② 順序尺度
③ 間隔尺度
④ 比例尺度

性別や血液型のように、種類を表すデータは**名義尺度**になる。これに対して、次のような段階で程度を表すデータは**順序尺度**になる。

    5　非常に満足
    4　満足
    3　普通
    2　不満
    1　非常に不満

　順序尺度は大小の順番には意味があっても、「非常に満足」と「満足」の差は、「不満」と「非常に不満」の差に等しいということが保証されていない。このことを等間隔性が保証されていない、という言い方をする。

　間隔尺度は等間隔性が保証されているデータで、体重や身長などの測定器により測定されたデータである。間隔尺度の中で、割り算をすることに意味があるようなデータが**比例尺度**である。たとえば、2 倍寒いという言い方をしない温度は間隔尺度であるが、比例尺度にはならない。なお、間隔尺度と比例尺度の区別は、データ分析においては重要ではない。

　さて、ここまで述べてきた 4 つの測定尺度と、前節で述べたデータの種類を対応させてみる。名義尺度と順序尺度がカテゴリデータで、間隔尺度と比例尺度が数量データである。分析しようとしているデータが、数量データかカテゴリデータか、カテゴリデータならば、名義尺度なのか順序尺度なのか、という区別は非常に重要である。なぜならば、データの種類によって、分析に使用するグラフや統計的方法が変わるからである。データを分析するときには、データの種類ということを常に頭に入れておくことである。

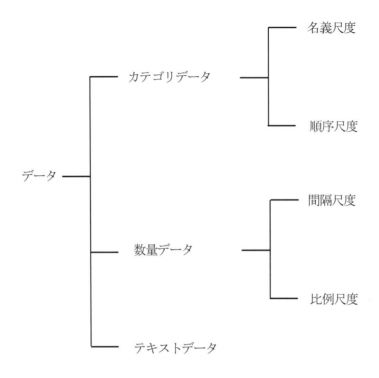

図2　データの種類

■ 計量値・計数値・順位値

　これまで述べてきたデータの分類方法のほかに、数量データを計量値、計数値、順位値に分けることもある。

　計量値とは測定して得られるデータで、小数点以下の数値がありえる。**計数値**は数えて得られるデータで、0 以上の整数の値にしかならない。計量値は連続的データ、計数値は離散的データと言われる。

　順位値は 1 位、2 位、3 位というように、比較して得られるデータである。順位値は計数値と同様に整数の値にしかならない。

　　測る　　→　　計量値　　（　連続的　）

　　数える　→　　計数値　　（　離散的　）

　　比べる　→　　順位値　　（　離散的　）

　このような区別がなぜ必要かというと、統計解析に用いる手法の背景にある確率分布の種類が変わるからである。計量値のときには**正規分布**と呼ばれる分布を仮定して解析することが多く、一方、計数値のときには**二項分布**や**ポアソン分布**といった分布が使われる。

2-2 ● アンケート調査における回答形式

■ 回答形式の種類

　アンケート調査における質問に対する答え方には、**記入回答**、**選択回答**、**順位回答**の 3 つの形式がある。

　記入回答形式は、単語、文章、数値を記入してもらう方法である。選択回答形式は、事前に用意された答えの候補の中から該当するものを選んでもらう方法である。

　たとえば、「あなたの年齢を答えてください」という質問を想定する。この問いに対する回答形式として、次の A と B の 2 通りの答え方が考えられる。

A：　（　　　　）歳

B：　1.　20 歳未満　　　2.　20 歳〜29 歳　　　3.　30 歳〜39 歳　　　4.　40 歳以上

　A は（　　）の中に年齢を記入してもらう形式で、B は 4 つの選択肢の中から 1 つを選んでもらう形式である。　A が記入回答形式、B が選択回答形式である。選択回答形式における選択肢の 1 つひとつを**カテゴリ**と呼ぶ。また、各カテゴリにコード（記号や数字）を割り付ける作業を**コーディング**と呼んでいる。コーディングには、回答者に提示する時点で記号や数字が割り付けられているプリコーディングと、調査票には記号や数字を付けず、回答が得られてからデータを入力するときにコーディングをするアフターコーディングがある。

■ 記入回答形式

　記入回答形式の典型的な例を次に示す。

① あなたのご意見をお聞かせください。（　　　　　　　　　　　　　）

② あなたの好きな色をお答えください。（　　　）色

③ あなたの通勤時間をお答えください。（　　　）分

①は文章、②は単語、③は数値を記入してもらう形式である。①の場合は自由記述式回答とも呼ばれる。②や③の単語や数値で得られたデータはそのまま集計や統計解析ができる。①のような文章の解析には、**KJ 法**（発想法のひとつ）などを利用して文章データを要約していく方法と、どのような語句がどのくらいの頻度で登場するか、どの語句とどの語句が同時に使われるかなどを集計する**テキストマイニング**と呼ばれる方法がある。

■ 選択回答形式

選択回答形式には次の 2 種類がある。

① 単一回答 → 選択肢の中から 1 つだけ選ぶ
② 複数回答 → 選択肢の中から 2 つ以上選ぶ

単一回答には、2 つの選択肢の中から 1 つを選ぶ二項選択と、3 つ以上の選択肢の中から 1 つを選ぶ多項選択がある。
複数回答には、いくつでも選択できる無制限複数回答と、選択する数に制限をつける制限付き複数回答がある。

■ 順位回答形式

順位回答形式には次の 2 種類がある。

① 完全順位付け：すべての対象（選択肢）に順位をつける
② 部分順位付け：上位 3 つまでというように部分的に順位をつける

■ 順序のある選択肢

単一回答の多項選択には、選択肢に順序関係がある場合とない場合がある。たとえば、次の質問文と回答の選択肢を見てみよう。

（質問1）当ホテルのサービスに対する満足度は次のどれですか？

  1.　不満　　　2.　やや不満　　　3.　やや満足　　　4.　満足

（質問2）あなたの血液型は次のどれですか？

  1.　A　　　　2.　B　　　　　　3.　AB　　　　4.　O

質問1の選択肢には、数値が大きいほど満足度が高いという順序関係があるのに対して、質問2の選択肢には順序関係はない。選択肢に順序関係を持たせるには、「非常に」、「やや」、「どちらかといえば」などの語句を加えて格付けする方法がよく用いられる。語句の使い方の例を次に示す。

（例1）
1. 非常に不満
2. 不満
3. 満足
4. 非常に満足

（例2）
1. 不満
2. やや不満
3. やや満足
4. 満足

一般に、「非常に」、「十分に」、「まったく」などの強い修飾語を用いると、その選択肢は選ばれにくいという傾向がある。

順序関係を持たせた選択肢を考える場合、何段階に分けるかという問題が生じる。先の例は4段階だが、実務では4段階から7段階がよく使われる。段階数を奇数（5段階、7段階）にすると、「どちらともいえない」という中間回答（中間の選択肢）が存在する。次に、5段階、6段階、7段階の例を示す。

（例 3-1）

1. 不満
2. やや不満
3. どちらともいえない
4. やや満足
5. 満足

（例 3-2）

1. 非常に不満
2. 不満
3. どちらともいえない
4. 満足
5. 非常に満足

（例 4-1）

1. 不満
2. やや不満
3. どちらかといえば不満
4. どちらかといえば満足
5. やや満足
6. 満足

（例 4-2）

1. 非常に不満
2. 不満
3. やや不満
4. やや満足
5. 満足
6. 非常に満足

（例 5）

1. 非常に不満
2. 不満
3. やや不満
4. どちらともいえない
5. やや満足
6. 満足
7. 非常に満足

■ SD法

　印象や感性を問うような質問のときによく用いられる方法に、**SD 法**と呼ばれる方法がある。SD 法は、互いに反対の意味を持つ形容詞対を使って尺度を構成して点数付けする方法である。たとえば、ある写真を見て、暖かい感じがするか、冷たい感じがするかを聞く場合、「暖かい」という語句と、その反対語である「冷たい」という語句を両端において、どちらの感じを強く受けるか質問する。

暖かい	やや暖かい	中間	やや冷たい	冷たい
2	1	0	−1	−2

　実際のアンケートでは、暖かいか冷たいかの 1 つのことだけを聞くことはほとんどないので、次のように配置して、複数の項目を質問する。

			中間			
暖かい	2	1	0	−1	−2	冷たい
男性的	2	1	0	−1	−2	女性的
古い	2	1	0	−1	−2	新しい
派手な	2	1	0	−1	−2	地味な

（注）SD 法＝Semantic Differential 法＝意味微分法

第2章　単純集計

質的データの集計とグラフ化

1-1 ● 名義尺度の集計とグラフ化

例題 2-1

次のような質問をして、次ページに示す 80 人分のデータが得られた。

(問1)　性別を答えてください。

　　　　　1　男　　　2　女

(問2)　好きな趣味について以下から1つ選んでください。

　　　　　1　音楽鑑賞

　　　　　2　スポーツ観戦

　　　　　3　読書

　　　　　4　ネットゲーム

(問3)　最も好きな色を答えてください。

　　　　　（　　　）色

データ表

番号	問1	問2	問3	番号	問1	問2	問3
1	2	3	青	41	1	4	白
2	1	4	黒	42	2	2	紫
3	1	3	黒	43	1	2	赤
4	1	2	青	44	2	2	緑
5	1	3	緑	45	2	2	青
6	1	4	白	46	1	4	青
7	2	4	緑	47	1	1	赤
8	1	1	黒	48	1	4	黒
9	1	4	赤	49	2	2	緑
10	1	2	灰	50	1	4	黒
11	2	2	緑	51	1	4	緑
12	2	4	白	52	2	2	白
13	1	4	緑	53	1	2	赤
14	2	4	黒	54	2	1	灰
15	2	4	赤	55	2	3	白
16	2	2	白	56	1	4	灰
17	1	3	赤	57	1	1	赤
18	1	4	白	58	2	1	黒
19	1	1	赤	59	1	4	赤
20	1	2	白	60	1	4	灰
21	2	4	赤	61	2	2	灰
22	2	1	黒	62	2	4	灰
23	2	4	黒	63	1	1	赤
24	1	1	灰	64	1	4	赤
25	2	4	白	65	1	2	青
26	2	3	灰	66	2	2	白
27	1	1	黒	67	2	1	灰
28	2	3	紫	68	1	3	紫
29	1	3	黒	69	1	1	緑
30	1	4	緑	70	1	2	緑
31	1	1	白	71	1	1	紫
32	1	1	白	72	1	2	白
33	1	2	緑	73	1	4	青
34	2	4	青	74	2	4	緑
35	2	2	灰	75	2	4	白
36	1	3	緑	76	1	4	赤
37	2	1	赤	77	2	2	青
38	1	1	白	78	2	3	緑
39	1	4	白	79	1	3	紫
40	2	2	紫	80	2	1	白

■ 集計表

名義尺度のデータは**度数**（人数）と**比率**で要約するのが一般的である。

次のような集計表が得られる。この表は**度数分布表**と呼ばれる。

度数分布表（単純集計表）

		コード	度数(人)	比率(%)
問1	男	1	46	58%
	女	2	34	43%
問2	音楽鑑賞	1	18	23%
	スポーツ観戦	2	21	26%
	読書	3	12	15%
	ネットゲーム	4	29	36%
問3	青		8	10%
	赤		14	18%
	白		17	21%
	黒		11	14%
	灰		10	13%
	緑		14	18%
	紫		6	8%

■ グラフ化

度数と比率については、**棒グラフや円グラフ**で表現するのが一般的である。

（注）名義尺度には順序の意味はないので、度数の多い順に表示するほうがわかりやすい。

（問1）

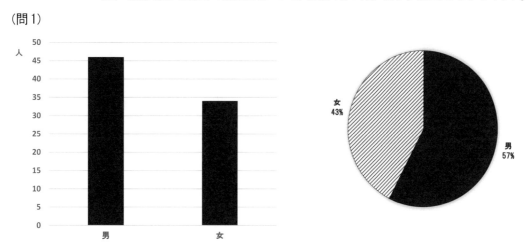

問1の単純集計結果のグラフ化

（問2）

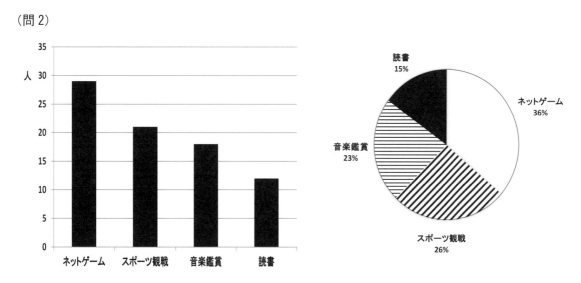

問2の単純集計結果のグラフ化

(問3)

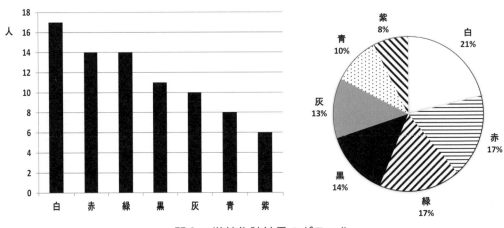

問3の単純集計結果のグラフ化

■ 関数REPTの活用による簡易グラフ化

		コード	度数（人）	比率（%）	
問1	男	1	46	58%	‖‖‖‖‖‖‖‖‖‖‖‖‖‖
	女	2	34	43%	‖‖‖‖‖‖‖‖‖‖
問2	音楽鑑賞	1	18	23%	‖‖‖‖‖
	スポーツ観戦	2	21	26%	‖‖‖‖‖‖
	読書	3	12	15%	‖‖‖
	ネットゲーム	4	29	36%	‖‖‖‖‖‖‖‖
問3	青		8	10%	‖‖
	赤		14	18%	‖‖‖‖
	白		17	21%	‖‖‖‖‖
	黒		11	14%	‖‖‖
	灰		10	13%	‖‖‖
	緑		14	18%	‖‖‖‖
	紫		6	8%	‖‖

関数REPTを用いた簡易横棒グラフ

■ 条件付き書式による簡易グラフ化

		コード	度数（人）	比率（%）	
問1	男	1	46	58%	
	女	2	34	43%	
問2	音楽鑑賞	1	18	23%	
	スポーツ観戦	2	21	26%	
	読書	3	12	15%	
	ネットゲーム	4	29	36%	
問3	青		8	10%	
	赤		14	18%	
	白		17	21%	
	黒		11	14%	
	灰		10	13%	
	緑		14	18%	
	紫		6	8%	

条件付き書式を用いた簡易横棒グラフ

■ Excel による解法

手順 1 データの入力

	A	B	C	D	E	F	G	H	I	J
1	回答者番号	問1	問2	問3						
2	1	2	3	青						
3	2	1	4	黒						
4	3	1	3	黒						
5	4	1	2	青						
6	5	1	3	緑						
7	6	1	4	白						
8	7	2	4	緑						
9	8	1	1	黒						
10	9	1	4	赤						

コード化された（コードで入力された）データの集計には関数 COUNTIF を用いる。

セル I2 に　=COUNTIF(B:B,H2)　と入力する。I2 を I7 までコピーする。

セル J2 に　=I2/COUNT(B:B)　と入力する。J2 を J7 までコピーする。

	A	B	C	D	E	F	G	H	I	J
1	回答者番号	問1	問2	問3				コード	度数（人）	比率（%）
2	1	2	3	青		問1	男	1	=COUNTIF(B:B,H2)	=I2/COUNT(B:B)
3	2	1	4	黒			女	2	=COUNTIF(B:B,H3)	=I3/COUNT(B:B)
4	3	1	3	黒		問2	音楽鑑賞	1	=COUNTIF(C:C,H4)	=I4/COUNT(C:C)
5	4	1	2	青			スポーツ観戦	2	=COUNTIF(C:C,H5)	=I5/COUNT(C:C)
6	5	1	3	緑			読書	3	=COUNTIF(C:C,H6)	=I6/COUNT(C:C)
7	6	1	4	白			ネットゲーム	4	=COUNTIF(C:C,H7)	=I7/COUNT(C:C)
8	7	2	4	緑						
9	8	1	1	黒						
10	9	1	4	赤						
11	10	1	2	灰						

手順 ③ 単純集計におけるピボットテーブルの利用

　問3のように記入方式で、かつ、何種類の色が記入されるか事前にわからないときは、関数 COUNTIF は不便である。このようなときにはピボットテーブルを使って、集計する。

メニューから［挿入］－［ピボットテーブル］と選ぶ。

次のようなダイアログボックスが現れる。

[OK]をクリックする。

次のような画面となる。

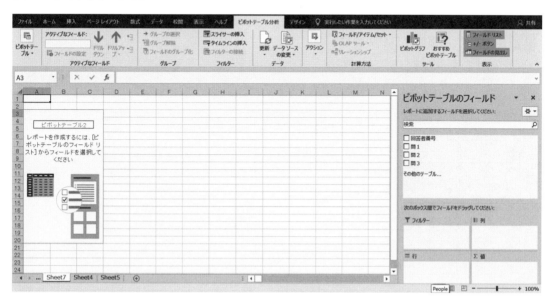

［行］に問3、［値］に問3を投入する。次のような問3の単純集計結果が得られる。

　この結果を、関数 COUNTIF で求めていた問1や問2の集計結果の表に、必要な数値だけ貼り付ければよい。

手順④ 簡易横棒グラフの作成

　関数 REPT を使うと、簡易的な横棒グラフを作成することができる。

		コード	度数(人)	比率(%)	
問1	男	1	46	58%	‖‖‖‖‖‖‖‖‖‖‖‖‖‖‖‖‖‖‖
	女	2	34	43%	‖‖‖‖‖‖‖‖‖‖‖‖‖‖
問2	音楽鑑賞	1	18	23%	‖‖‖‖‖‖‖
	スポーツ観戦	2	21	26%	‖‖‖‖‖‖‖‖
	読書	3	12	15%	‖‖‖‖‖
	ネットゲーム	4	29	36%	‖‖‖‖‖‖‖‖‖‖‖
問3	白		17		‖‖‖‖‖‖
	赤		14		‖‖‖‖‖
	緑		14		‖‖‖‖‖
	黒		11		‖‖‖‖
	灰		10		‖‖‖
	青		8		‖‖‖
	紫		6		‖‖

セル K2 に　=REPT（"|",I2)　　と入力する。

セル K2 を K3 から K14 までコピーする。

	F	G	H	I	J	K
1			コード	度数（人）	比率（%）	
2	問1	男	1	46	58%	=REPT("|",I2)
3		女	2	34	43%	=REPT("|",I3)
4	問2	音楽鑑賞	1	18	23%	=REPT("|",I4)
5		スポーツ観戦	2	21	26%	=REPT("|",I5)
6		読書	3	12	15%	=REPT("|",I6)
7		ネットゲーム	4	29	36%	=REPT("|",I7)
8	問3	白		17		=REPT("|",I8)
9		赤		14		=REPT("|",I9)
10		緑		14		=REPT("|",I10)
11		黒		11		=REPT("|",I11)
12		灰		10		=REPT("|",I12)
13		青		8		=REPT("|",I13)
14		紫		6		=REPT("|",I14)

1-2 ● 順序尺度の集計とグラフ化

例題 2-2

次のような質問をして、50 人分のデータが得られた。

(問) 授業の満足度（5 段階評価）を答えてください。

    1　非常に不満

    2　不満

    3　どちらともいえない

    4　満足

    5　非常に満足

データ表

1	1	3	3	5
4	3	2	3	4
2	1	5	3	3
5	3	4	4	3
4	4	5	1	2
2	3	3	3	3
3	2	4	5	2
3	2	3	2	3
1	3	5	3	4
2	4	4	2	5

■ 集計表

　順序尺度のデータも名義尺度のときと同様に、度数（人数）と比率で要約するのが一般的である。この例では次のような度数分布表が得られる。

評点	人数	比率	累積比率
1	5	10%	10%
2	10	20%	30%
3	18	36%	66%
4	10	20%	86%
5	7	14%	100%

なお、順序尺度の場合は数量データとして扱うこともあるので、後述する「平均値」や「中央値」、「標準偏差」なども求めておくとよい。

■ グラフ化

順序尺度の場合も度数と比率については、棒グラフで表現するのが一般的である。なお、順序尺度のときは、度数の多い順に表示するようなことは行わない。棒グラフと併せて累積比率を示す折れ線グラフも表示させると、ある点数以上、あるいは、ある点数以下の比率を視覚的に把握することができる。

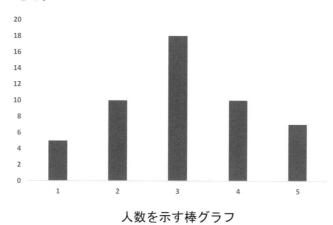

人数を示す棒グラフ

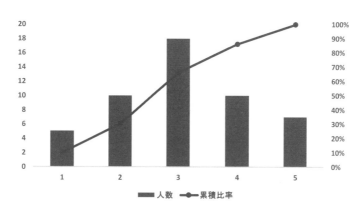

人数と累積比率の組合せグラフ

Section 2

量的データの要約とグラフ化

2-1 ● 量的データの要約

例題 2-3

次のような質問をして、80 人分のデータが得られた。

(問)　年齢を答えてください。

（　　　　）歳

データ表

49	44	37	39
26	23	49	40
28	41	40	37
32	45	51	33
38	23	54	45
47	34	22	53
35	30	30	42
35	44	32	38
46	30	37	32
35	42	21	47
39	37	21	43
36	53	41	46
46	41	41	41
39	36	36	52
19	50	38	37
38	22	43	30
47	28	59	49
30	22	31	33
36	44	52	35
30	45	34	56

■ データの要約

量的データ（数量データ）は以下のような数値にまとめるとよい。

①　平均値　　　　②　中央値　　　　③　標準偏差
④　最大値　　　　⑤　最小値　　　　⑥　範囲
⑦　25 パーセンタイル　　⑧　75 パーセンタイル
⑨　四分位範囲　　　⑩　四分位偏差

平均値	38.275
中央値	38
標準偏差	9.100
最大値	59
最小値	19
範囲	40
25パーセンタイル	32
75パーセンタイル	45
四分位範囲	13
四分位偏差	6.5

　これらの数値は**統計量**と呼ばれている。いま、データが正規分布に従うと仮定した場合、年齢は平均値±標準偏差、すなわち、38.3±9.1 の範囲にデータの約 70%が含まれていることを示している。**25 パーセンタイル**は、その値より小さいデータが全体の 25%を占めることを表していて、**75 パーセンタイル**は、その値より大きいデータが全体の 25%を占めていることを表している。**四分位範囲**は 75 パーセンタイルと 25 パーセンタイルの差であり、データのばらつきの大きさを把握するときに使われる。したがって、32〜45（幅＝四分位範囲＝45−32＝13）の間に全データの中央の 50%が含まれていることがわかる。**四分位偏差**は四分位範囲を 2 で割ったものである。

■ Excel による解法

手順 ① データの入力

◢	A	B	C	D	E	F
1	データ					
2	49					
3	26					
4	28					
5	32					
6	38					
7	47					
8	35					
9	35					
10	46					
11	35					
12	39					
13	36					
14	46					
15	39					
16	19					
17	38					
18	47					
19	30					
20	36					

手順 ② 関数の入力

◢	A	B	C	D	E	F
1	データ		平均値	38.275		
2	49		中央値	38		
3	26		標準偏差	9.100		
4	28		最大値	59		
5	32		最小値	19		
6	38		範囲	40		
7	47		25パーセンタイル	32		
8	35		75パーセンタイル	45		
9	35		四分位範囲	13		
10	46		四分位偏差	6.5		
11	35					
12	39					
13	36					
14	46					
15	39					
16	19					
17	38					
18	47					
19	30					
20	36					

▲	A	B	C	D	E
1	データ		平均値	=AVERAGE(A2:A81)	
2	49		中央値	=MEDIAN(A2:A81)	
3	26		標準偏差	=STDEV(A2:A81)	
4	28		最大値	=MAX(A2:A81)	
5	32		最小値	=MIN(A2:A81)	
6	38		範囲	=D4-D5	
7	47		25パーセンタイル	=PERCENTILE(A2:A81,0.25)	
8	35		75パーセンタイル	=PERCENTILE(A2:A81,0.75)	
9	35		四分位範囲	=D8-D7	
10	46		四分位偏差	=D9/2	
11	35				
12	39				
13	36				

パーセンタイル（百分位数）を求めるための関数は

PERCENTILE

PERCENTILE.INC

PERCENTILE.EXC

の3つがある。

　PERCENTILE と PERCENTILE.INC は同じ結果を出力するが、PERCENTILE.EXC は異なる結果を与える。

　いま、次のような16個のデータがあるとして、上記関数による結果の違いを図示してみる。

$$1 \quad 2 \quad 3 \quad 4 \quad 5 \quad 6 \quad 7 \quad 8 \quad 9 \quad 10 \quad 11 \quad 12 \quad 13 \quad 14 \quad 15 \quad 16$$

PERCENTILE および PERCENTILE. INC の場合

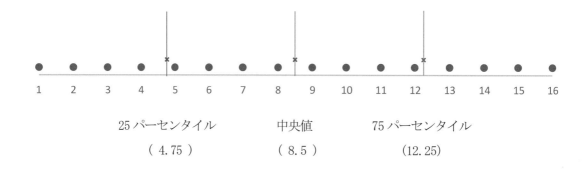

　　　　25 パーセンタイル　　　　　　中央値　　　　　75 パーセンタイル

　　　　　（ 4.75 ）　　　　　　　　（ 8.5 ）　　　　　　（12.25）

PERCENTILE. EXC の場合

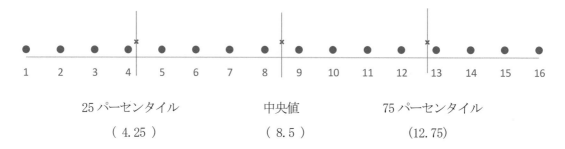

　　　　25 パーセンタイル　　　　　　中央値　　　　　75 パーセンタイル

　　　　　（ 4.25 ）　　　　　　　　（ 8.5 ）　　　　　　（12.75）

【 参考 】

［ 統計ソフト JMP の結果 ］

分位点

75.00% 四分位点	12.75
50.00% 中央値	8.5
25.00% 四分位点	4.25

［ 統計ソフト R の結果 ］

Min.	1st Qu.	Median	Mean	3rd Qu.	Max.
1.00	4.75	8.50	8.50	12.25	16.00

2-2 ● 量的データのグラフ化

■ 量的データの視覚化

　量的データ（数量データ）をグラフで表現するための手法としては、以下のようなグラフがあげられる。

　① ヒストグラム
　② 箱ひげ図
　③ ドットプロット
　④ 幹葉図

　ヒストグラムと**箱ひげ図**はデータの数が多いとき（50〜100 以上）に使われ、少ないとき（50 未満）には**ドットプロット**や**幹葉図**が便利である。

■ ヒストグラム

　ヒストグラムは、データをいくつかの区間に区切り、各区間を横軸として、各区間に入るデータの数（度数）を縦軸にした棒グラフである。棒と棒の間隔は空けないのが原則である。

　ヒストグラムを眺めることで、
　・分布の中心位置
　・分布の散らばり
　・分布の形
　・外れ値（飛び離れた値）の有無
を視覚的に把握することができる。

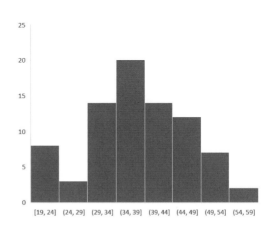

年齢のヒストグラム

■ 箱ひげ図

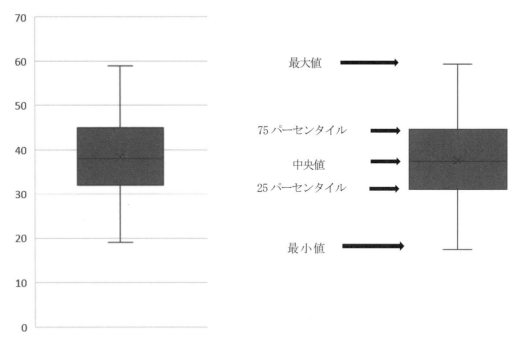

年齢の箱ひげ図

■ ドットプロット

　ドットプロットはデータの数値をそのまま数直線上に打点したグラフで、データの数が少ないときにはヒストグラムの代わりに用いられる。

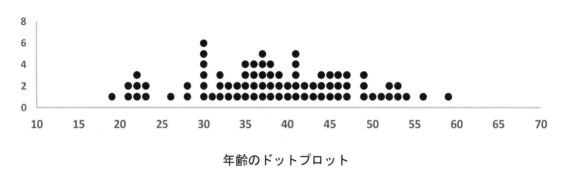

年齢のドットプロット

■ 幹葉図

幹葉図はデータの数値を二桁で表現し、大きいほうの桁を幹、小さいほうの桁を葉で表現している。ヒストグラムを横型にしたような形状となる。

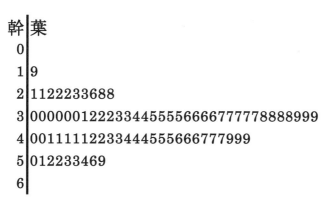

年齢の幹葉図

<見方>

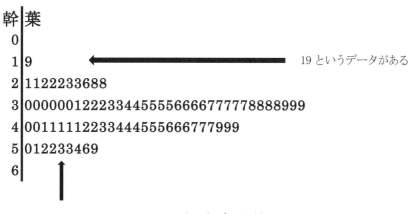

■ Excel による解法

[1] ヒストグラムの作成

手順 ① データの入力

セル A2 から A81 にデータを入力しておく。

▲	A	B	C	D	E	F	G
1	データ						
2	49						
3	26						
4	28						
5	32						
6	38						
7	47						
8	35						
9	35						
10	46						

セル A1 に移動しておく。

手順 ② グラフの挿入

メニューから［挿入］－［グラフ］－［統計グラフ］と選択する。

［ヒストグラム］を選択する。

次のようなヒストグラムが自動的に作成される。

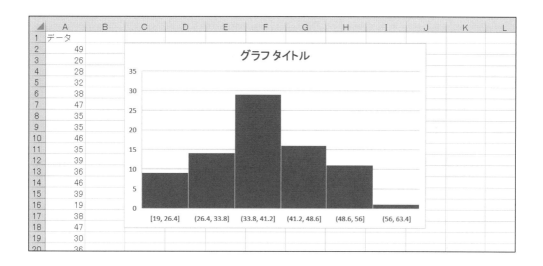

　ヒストグラムの棒の数 k や、棒の幅（区間の幅）h の決め方として、次のような方法が提唱されている。

① 平方根の方法

　棒の数 k はデータの数 n の平方根に近い整数にする。

$$k = \sqrt{n}$$

② スタージェスの方法

$$k = \lceil \log_2 n + 1 \rceil$$

③ スコットの方法

　棒の幅を h とする。

$$h = \frac{3.5\sigma}{n^{1/3}}$$
（　ここで σ はデータから計算した標準偏差　）

Excel 2016 のヒストグラムではスコットの方法が採用されている。
したがって、この例では以下のように計算して決められている。

$$\sigma = 9.0999$$
$$h = (3.5 \times 9.0999) / (80^{1/3}) = 7.39170762 \rightarrow 7.4$$

この結果から、棒の幅が 7.4 ずつとなっている。さて、7.4 ずつの幅は見やすいものではないので、これを 7（あるいは 8、10 でもよい）に修正する。

手順 ③ 棒の幅の挿入

作成したヒストグラムの横軸目盛りをダブルクリックすると、次のようなダイアログボックスが現れる。

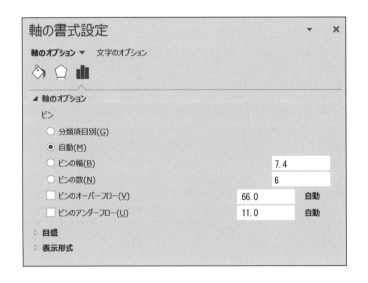

［ビンの幅］の数値に 7 と入力すると、次のようなヒストグラムに変更される。

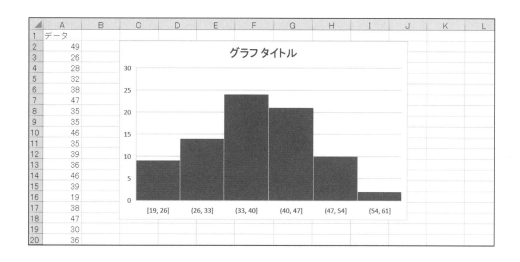

[2] 箱ひげ図の作成

手順 ① データの入力

セル A2 から A81 にデータを入力しておく。

	A	B	C	D	E	F	G
1	データ						
2	49						
3	26						
4	28						
5	32						
6	38						
7	47						
8	35						
9	35						
10	46						

セル A1 に移動しておく。

メニューから［挿入］－［グラフ］－［統計グラフ］と選択する。

［箱ひげ図］を選択する。

次のような箱ひげ図が自動的に作成される。

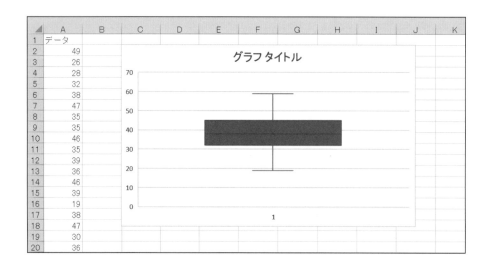

Excel の箱ひげ図には次に示すような種類が用意されているので、必要に応じて変更することができる。

①　個々の点付き（ドットプロット）　　②　外れ値表示

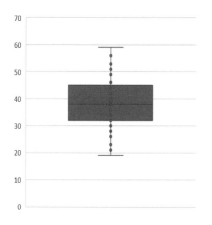

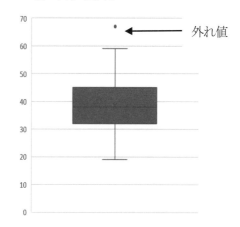

外れ値

変更するには箱ひげ図の箱を右クリックして、［データ系列の書式設定］を選択すると、次ページのようなダイアログボックスが現れる。

　[内側のポイントを表示する] にチェックを入れると、個々の点が表示される。

　[特異ポイントを表示する] にチェックを入れると、**外れ値**が表示される。外れ値は箱端から四分位範囲（IQR）の 1.5 倍を超えた点である。このとき、「第一四分位数－1.5×IQR」がひげの下限、「第三四分位数＋1.5×IQR」がひげの上限となり、ひげの下端より小さい値や、ひげの上端より大きい値を「外れ値」として扱う。

　[包括的な中央値] と [排他的な中央値] の違いは、「包括的」の方は箱端の 25 パーセンタイルと 75 パーセンタイルの計算において中央値を含み、「排他的」の方は含めない。

[3] ドットプロットの作成

手順 ① データの入力

セル A2 から A81 にデータを入力しておく。

	A	B	C	D	E	F	G
1	データ						
2	49						
3	26						
4	28						
5	32						
6	38						
7	47						
8	35						
9	35						
10	46						

手順 ② 並べ替えと度数の表示

セル B2 から B81 にデータを小さい順に並べ替えた結果を表示させる。

セル C2 から C81 に各データの度数（個数）を表示させる。

	A	B	C	D	E	F	G
1	データ	並べ替え	度数				
2	49	19	1				
3	26	21	1				
4	28	21	2				
5	32	22	1				
6	38	22	2				
7	47	22	3				
8	35	23	1				
9	35	23	2				
10	46	26	1				

セル B2 に　=SMALL(A:A,ROW()−1)　　と入力して、B2 をセル B81 までコピーする。

セル C2 に　1 と入力する。

セル C3 に　=IF(B3=B2,C2+1,1)　　と入力して、C3 をセル C81 までコピーする。

セル B1 から C81 をドラッグして、メニューから［挿入］－［グラフ］－［散布図］と選択する。

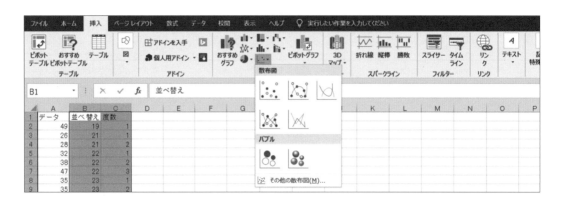

次のような散布図が作成される。

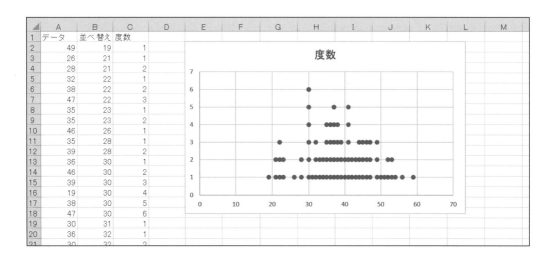

縦の長さを短くして、横軸の目盛りを適当に変更（最小値を 10 にするなど）すると、ドットプロットの完成である。Excel にはドットプロットを作成するグラフ機能はないので、散布図で作成することになる。

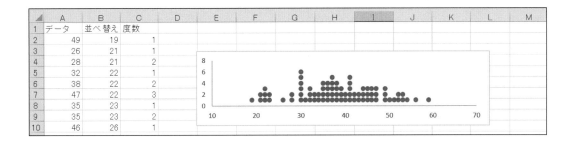

[4] 幹葉図の作成

手順 ①　　データの入力

セル A2 から A81 にデータを入力しておく。

	A	B	C	D	E	F	G
1	データ						
2	49						
3	26						
4	28						
5	32						
6	38						
7	47						
8	35						
9	35						
10	46						

セル B2 から B81 にデータを大きい順に並べ替えた結果を表示させる。

	A	B	C	D	E	F	G
1	データ	並べ替え					
2	49	59					
3	26	56					
4	28	54					
5	32	53					
6	38	53					
7	47	52					
8	35	52					
9	35	51					
10	46	50					

セル B2 に　=LARGE(A:A,ROW()－1)　と入力して、これをセル B81 までコピーする。

セル C2 から C81 に幹葉図の幹になる部分を表示させる。

セル D2 から D81 に幹葉図の葉になる部分を表示させる。

セル E2 から E81 に幹葉図の葉の基礎になる部分を表示させる。

	A	B	C	D	E	F
1	データ	並べ替え	幹	葉	葉2	
2	49	59	5	9	012233469	
3	26	56	5	6	01223346	
4	28	54	5	4	0122334	
5	32	53	5	3	012233	
6	38	53	5	3	01223	
7	47	52	5	2	0122	
8	35	52	5	2	012	
9	35	51	5	1	01	
10	46	50	5	0	0	

セル C2 に　=INT(B2/10)　　　　と入力して、C2 をセル C81 までコピーする。

セル D2 に　=B2-C2*10　　　　　と入力して、D2 をセル D81 までコピーする。

セル E2 に　=IF(C2=C3,E3,"")&D2　と入力して、E2 をセル E81 までコピーする。

手順 (4)　幹葉図の完成

▲	A	B	C	D	E	F	G	H
1	データ	並べ替え	幹	葉	葉2			幹葉図
2	49	59	5	9	012233469		幹	葉
3	26	56	5	6	01223346		0	
4	28	54	5	4	0122334		1	9
5	32	53	5	3	012233		2	1122233688
6	38	53	5	3	01223		3	00000012223344555566667777788888999
7	47	52	5	2	0122		4	001111122334445556667777999
8	35	52	5	2	012		5	012233469
9	35	51	5	1	01		6	
10	46	50	5	0	0		7	
11	35	49	4	9	001111122334445556667777999		8	
12	39	49	4	9	001111122334445556667777799		9	
13	36	49	4	9	001111122334445556667779			

セル G3 から G12 に　0,1,2,3,4,5,6,7,8,9　と順次入力する。

セル H3 に　=IFERROR(VLOOKUP(G3,C:E,3,0),"")　と入力する。

H3 をセル H12 までコピーする。

第3章 クロス集計

クロス集計とグラフ化

1-1 ● 分割表の作成

例題 3-1

次のような質問をして、次ページに示す 90 人分のデータが得られた。

（問1） 性別を答えてください。
   1　男　　　2　女

（問2） 消費税の値上げに賛成か反対かを答えてください。
   1　賛成　　2　反対

　性別と意見には関連があるか、言い方を変えれば、男女で賛成の比率と女性の比率に差があるかを調べたい。

データ表

番号	性別	意見	番号	性別	意見	番号	性別	意見
1	男	賛成	31	男	反対	61	女	賛成
2	男	反対	32	男	賛成	62	女	賛成
3	男	反対	33	男	反対	63	女	反対
4	男	賛成	34	男	反対	64	女	反対
5	男	賛成	35	男	反対	65	女	反対
6	男	反対	36	男	反対	66	女	反対
7	男	反対	37	男	賛成	67	女	反対
8	男	賛成	38	男	反対	68	女	賛成
9	男	賛成	39	男	賛成	69	女	賛成
10	男	反対	40	男	賛成	70	女	反対
11	男	賛成	41	女	賛成	71	女	反対
12	男	賛成	42	女	賛成	72	女	反対
13	男	賛成	43	女	反対	73	女	賛成
14	男	賛成	44	女	反対	74	女	反対
15	男	賛成	45	女	賛成	75	女	反対
16	男	賛成	46	女	反対	76	女	反対
17	男	賛成	47	女	反対	77	女	賛成
18	男	賛成	48	女	反対	78	女	反対
19	男	賛成	49	女	賛成	79	女	反対
20	男	賛成	50	女	反対	80	女	賛成
21	男	反対	51	女	反対	81	女	反対
22	男	賛成	52	女	反対	82	女	反対
23	男	賛成	53	女	反対	83	女	反対
24	男	賛成	54	女	賛成	84	女	賛成
25	男	賛成	55	女	反対	85	女	賛成
26	男	賛成	56	女	反対	86	女	賛成
27	男	反対	57	女	反対	87	女	賛成
28	男	反対	58	女	反対	88	女	反対
29	男	反対	59	女	反対	89	女	賛成
30	男	賛成	60	女	賛成	90	女	反対

■ 分割表

　問1と問2はどちらも名義尺度のデータである。問1と問2の関係、すなわち、名義尺度同士の関係を調べるには、次のような集計表を作成する必要がある。

	賛成	反対	計
男	25	15	40
女	18	32	50
計	43	47	90

　この集計表は男性が 40 人、女性が 50 人いて、賛成と答えた人が 43 人、反対と答えた人が 47 人いることを示している。さらに、男性で賛成と答えた人が 25 人、女性で賛成と答えた人が 18 人、男性で反対と答えた人が 15 人、女性で反対と答えた人が 32 人いることを示している。

　このような2元集計表を**分割表**あるいは**クロス集計表**と呼んでいる。上記のようなクロス集計表は2行（男・女）、2列（賛成・反対）なので、丁寧に2×2分割表とも呼ぶ。

■ Excel による解法

［1］ 関数による分割表の作成

手順 ①　データの入力

データを A1 から C91 に入力する。

分割表は合計欄を含めて F1 から I4 に作成する。

	A	B	C	D	E	F	G	H	I	J	K
1	番号	性別	意見		分割表		賛成	反対	計		
2	1	男	賛成			男	25	15	40		
3	2	男	反対			女	18	32	50		
4	3	男	反対			計	43	47	90		
5	4	男	賛成								
6	5	男	賛成								
7	6	男	反対								
8	7	男	反対								
9	8	男	賛成								
10	9	男	賛成								
11	10	男	反対								

手順 ②　関数の入力

	E	F	G	H	I	J
1	分割表		賛成	反対	計	
2		男	=COUNTIFS($B:$B, $F2, $C:$C, G$1)	=COUNTIFS($B:$B, $F2, $C:$C, H$1)	=G2+H2	
3		女	=COUNTIFS($B:$B, $F3, $C:$C, G$1)	=COUNTIFS($B:$B, $F3, $C:$C, H$1)	=G3+H3	
4		計	=G2+G3	=H2+H3	=G4+H4	
5						

クロス集計を行うときに便利な関数が COUNTIFS である。

G2 に　=COUNTIFS($B:$B,$F2,$C:C,G1)

と入力して、G2 を G2 から H3 までコピーする。

［2］ ピボットテーブルによる分割表の作成

ピボットテーブルと呼ばれる機能を使うと、関数を使わずにクロス集計を実施して、分割表を作成することができる。

手順①　データの入力

データを A1 から C91 に入力する。

手順②　データ範囲の指定

データが入力されている A1 から C91 をドラッグする。

	A	B	C	D	E	F	G	H	I	J	K
1	番号	性別	意見								
2	1	男	賛成								
3	2	男	反対								
4	3	男	反対								
5	4	男	賛成								
6	5	男	賛成								
7	6	男	反対								
8	7	男	反対								
9	8	男	賛成								
10	9	男	賛成								
11	10	男	反対								

メニューから［挿入］－［ピボットテーブル］と選択する。

次のようなダイアログボックスが現れる。

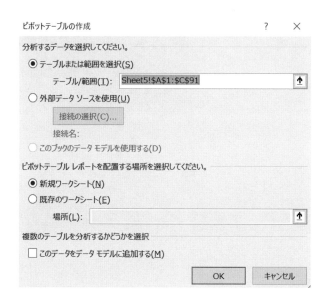

［OK］をクリックすると、次のようなシートが現れる。

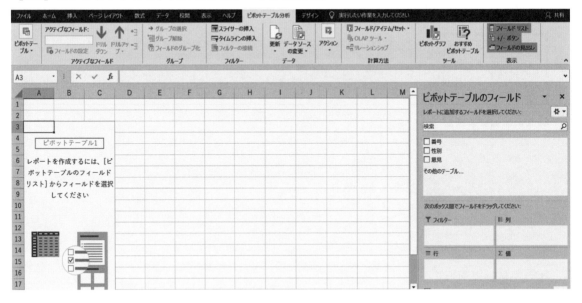

手順 ④ 分割表の作成

［ピボットテーブルのフィールド］で

［行］のボックスに「性別」を

［列］のボックスに「意見」を

［値］のボックスに「性別」または「意見」のどちらかを

マウスで投入する。

　シートの左上に分割表が作成される。

（注）性別や意見が男・女、賛成・反対といった文字ではなく、１・２というように数字で入力
されているときには、［値］のところに数字の合計が計算されてしまうから、変更をする必要が
ある。［値］の下▼ボタンをクリックし、［値フィールドの設定］をクリックする。そこで現れ
るダイアログボックス上で［合計］を［個数］に変更する。

1-2 ● 分割表のグラフ化

■ 帯グラフ

分割表のグラフ化は、**帯グラフ**で表現するのが一般的である。

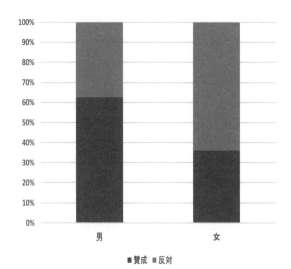

この分割表の場合、横軸を男・女にする場合と、賛成・反対にする場合が考えられる。比べたい要素を横軸とするのが原則である。

■ ツリーマップ

　このほかに、　次に示すように「ツリーマップ」を使うと、男と女の比率あるいは賛成と反対の比率の違いに応じて、帯の太さを変えた帯グラフのようなグラフが作成される。

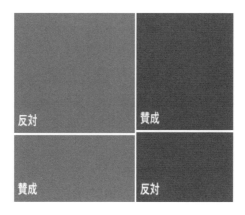

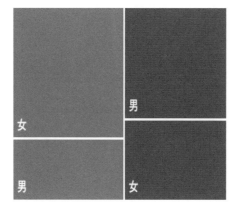

■ スパークグラフ（棒グラフ）

なお、「スパークグラフ」を使うことで行計と列計の棒グラフを表の横に示すことができる。

	賛成	反対	計
男	25	15	40
女	18	32	50
計	43	47	90

（見方）

	賛成	反対	計
男	25	15	40
女	18	32	50
計	43	47	90

男で賛成　　男で反対

女で賛成　　女で反対

賛成の男　　賛成の女　　反対の男　　反対の女

■ Excel による解法

［ 1 ］ ツリーマップの作成

ツリーマップを作成するには、分割表のデータを次のセル L2 以降に示すような階層構造で入力し直す。

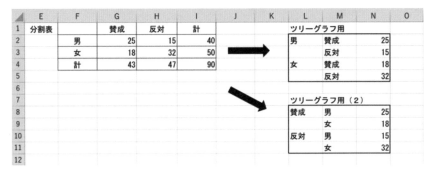

セル L2 から N5 をドラッグして、

［挿入］－［階層構造グラフの挿入］－［ツリーマップ］と選択する。

セル L8 から N11 をドラッグして、

［挿入］－［階層構造グラフの挿入］－［ツリーマップ］と選択する。

［ 2 ］ スパークラインの作成

棒グラフを出したいセルに移動して、［挿入］－［スパークライン］－［縦棒］と選択する。次のようなダイアログボックスが現れる。

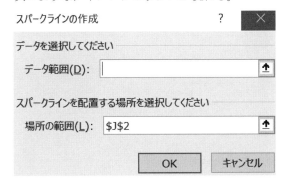

［データ範囲］として、棒グラフにしたい範囲（たとえば、セル **G2** から **H2**）をドラッグして、［OK］をクリックすると、次のように1つのセル内に1つの棒グラフが作成される。

	A	B	C	D	E	F	G	H	I	J	K
1	番号	性別	意見		分割表		賛成	反対	計		
2	1	男	賛成			男	25	15	40	■	
3	2	男	反対			女	18	32	50		
4	3	男	反対			計	43	47	90		
5	4	男	賛成								

関係の強さ

2-1 ● 2×2 分割表における関係の強さ

■ Yule の Q

2×2 分割表において、行に配置された項目と列に配置された項目の関係の強さを測る統計量として、Yule（ユール）の Q と呼ばれる数値がある。一般的な表現として、次のような分割表が得られたとしよう。

	B_1	B_2	計
A_1	a	b	r_1
A_2	c	d	r_2
計	m_1	m_2	n

Yule の Q は次の計算式で算出される。

$$Q = \frac{ad - bc}{ad + bc}$$

$-1 \leqq Q \leqq 1$ の値となり、符号は意味を持たない。絶対値が 1 に近いほど関係が強く、0 に近いほど関係が弱い。

	A	B	C	D	E	F	G
1		賛成	反対	計	YuleのQ	0.4953271	=(B2*C3-C2*B3)/(B2*C3+C2*B3)
2	男	25	15	40			
3	女	18	32	50			
4	計	43	47	90			
5							

■ ϕ 係数

ϕ（ファイ）係数と呼ばれる統計量も関係の強さを示すものである。ϕ係数は量的データ同士の関係の強さを示す相関係数と数学的には同等なものである。

$-1 \leqq \phi \leqq 1$ の値となり、符号は意味を持たない。絶対値が 1 に近いほど関係が強く、0 に近いほど関係が弱い。

ϕ係数は次の計算式で算出される。

$$\phi = \frac{ad - bc}{\sqrt{r_1 r_2 c_1 c_2}}$$

	A	B	C	D	E	F	G
1		賛成	反対	計	YuleのQ	0.4953271	
2	男	25	15	40	**Φ係数**	0.2636196	=(B2*C3-C2*B3)/SQRT(D2*D3*B4*C4)
3	女	18	32	50			
4	計	43	47	90			
5							

■ Yule の Q と Φ 係数の数値例

Yule の Q と Φ 係数の性質を見るために、以下に極端な数値例を見ていこう。

< 数値例1 >

	賛成	反対	計
男	100	0	100
女	0	100	100
計	100	100	200

YuleのQ　　　　1

Φ係数　　　　1

< 数値例2 >

	賛成	反対	計
男	0	100	100
女	100	0	100
計	100	100	200

YuleのQ　　　　-1

Φ係数　　　　-1

< 数値例3 >

	賛成	反対	計
男	50	50	100
女	50	50	100
計	100	100	200

YuleのQ　　　　0

Φ係数　　　　0

< 数値例4 >

	賛成	反対	計
男	99	1	100
女	99	1	100
計	198	2	200

YuleのQ　　　　0

Φ係数　　　　0

< 数値例5 >

	賛成	反対	計
男	50	50	100
女	0	100	100
計	50	150	200

YuleのQ　　　　1

Φ係数　　0.5773503

　女性ならば必ず「反対」と回答するが、男性については「賛成」も「反対」いるという例である。このようなときにはYule の Q は最大値の1となるが、$Φ$ 係数は1にはならない。反面、次のような例の場合、Yule の Q は最大値の1で変わらないが、$Φ$ 係数は1に近づく。

< 数値例6 >

	賛成	反対	計
男	99	1	100
女	0	100	100
計	99	101	200

YuleのQ　　　　1

Φ係数　　0.99005

■ 有意性の問題

次の2つの分割表を比べてみよう。

< 分割表A >

	賛成	反対	計
男	30	70	100
女	18	82	100
計	48	152	200

YuleのQ　　0.3225806

Φ係数　　0.1404879

有意確率　　0.046945

< 分割表B >

	賛成	反対	計
男	30	70	100
女	19	81	100
計	49	151	200

YuleのQ　　0.292553

Φ係数　　0.127881

有意確率　　0.070527

分割表Aは男の賛成率は30%、女の賛成率は18%で12%の差があり、分割表Bでは男の賛成率は30%、女の賛成率は19%で11%の差がある。ほとんど同じような観測結果になっており、分割表AとBでYuleのQおよびΦ係数ともに似た値になっている。ところで、後に紹介する検定と呼ばれる手法を使って、有意確率（p値とも呼ばれる）を計算すると、分割表Aでは統計学的に関連が認めらると判定され、分割表Bでは統計学的に関連は認められるとはいえないという判定がなされる。このような現象は検定という手法に対する批判の一つになっている。

■ オッズ比

Yule の Q や Φ 係数のほかに関係の強さを見る統計量に**オッズ比**がある。まず、オッズとは発生する確率と発生しない確率の比である。先の例題におけるオッズを計算してみよう。オッズは（賛成率）÷（1－賛成率＝反対率）で計算される。

男性のオッズ　＝　0.625　÷　0.375　＝　1.6667

女性のオッズ　＝　0.36　÷　0.64　＝　0.5625

オッズ比はオッズ同士の比となるので、次のように計算される。

オッズ比　＝　1.6667　÷　0.5625　＝　2.963

男性は女性に比べて、賛成する可能性が 2.963 倍高くなると解釈する。男女差が全くないときには　1　となる。また、オッズ比 10 と 0.1 は、関係の強さという点では同じである。

	A	B	C	D	E	F	G
1		賛成	反対	計	YuleのQ	0.4953271	
2	男	25	15	40	Φ係数	0.2636196	
3	女	18	32	50			
4	計	43	47	90			
5							
6		賛成率	反対率	オッズ			
7	男	0.625	0.375	1.6666667			
8	女	0.36	0.64	0.5625			
9			**オッズ比**	2.962963			
10							

	A	B	C	D	E	F	G
1		賛成	反対	計	YuleのQ	=(B2*C3-C2*B3)/(B2*C3+C2*B3)	
2	男	25	15	=B2+C2	Φ係数	=(B2*C3-C2*B3)/SQRT(D2*D3*B4*C4)	
3	女	18	32	=B3+C3			
4	計	=B2+B3	=C2+C3	=SUM(B2:C3)			
5							
6		賛成率	反対率	オッズ			
7	男	=B2/D2	=C2/D2	=B7/C7			
8	女	=B3/D3	=C3/D3	=B8/C8			
9			**オッズ比**	=D7/D8			
10							

（注）オッズ比は

	B_1	B_2	計
A_1	a	b	r_1
A_2	c	d	r_2
計	m_1	m_2	n

$(ad)／(bc)$ として求めることもできる。

（参考）　類似度の指標

2×2 分割表で整理された集計結果を利用して、2 つの項目間の**類似度**を評価する指標がいくつも提案されている。これらの中で代表的なものを紹介しよう。

いま、2×2 分割表を次のように表現しておく。

	B_1	B_2	計
A_1	a	b	r_1
A_2	c	d	r_2
計	m_1	m_2	n

行（A）と列（B）の一致度を測るものとして、次のようなものが提案されている。

（1）単純一致係数

$$\frac{a+d}{a+b+c+d}$$

（2）Jaccard 係数

$$\frac{a}{a+b+c}$$

（3）Sorensen 係数

$$\frac{2a}{2a+b+c}$$

（4）Russel and Rao 係数

$$\frac{a}{a+b+c+d}$$

以上の他に、**Kappa（カッパ）係数**と呼ばれる指標もよく使われている。これは主に診断や評価における測定方法や評価者の一致性を見るときに使われる。

2-2 ● L×M 分割表における関係の強さ

2×2 分割表よりも大きな分割表の場合は Cramer（クラメール）の連関係数 V と呼ばれる値が使われる。

$0 \leq V \leq 1$ の値となり、1 に近いほど関係が強く、0 に近いほど関係が弱い。連関係数 V は次の式で計算される。

$$V = \sqrt{\frac{\chi^2}{n \times W}}$$

χ^2 は後の章で紹介する χ^2 検定で用いられる χ^2 値

n は総データ数

W は分割表の（ 行数－1 ）と（ 列数－1 ）の小さいほうの数値

【数値例】

	A	B	C	D
スポーツ	20	6	7	9
読書	6	33	14	7
音楽	9	7	29	8
映画	8	8	10	24

上記のような分割表が得られたとする。

$\chi^2 = 79.4565$ （計算方法は後の4章§3を参照）

$n = 205$ （20＋6＋9＋8＋6＋33＋7＋8＋7＋14＋29＋10＋9＋7＋8＋24）

$W =$ （行数4－1）と（列数4－1）の小さいほうの数 ＝ 3

　　※この場合は行数と列数が同じ分割表なので、どちらでも同じ値となる。

以上の数値を利用して、

$V = 0.3594$

となる。

第4章 検定と推定

Section 1　平均値の比較

Section 2　比率の比較

Section 3　分割表の解析

1-1 ● t検定

あるアンケートでつぎのような質問を行った。

（質問1）あなたの性別をお答えください。

男 ・ 女

（質問2）あなたの1ヶ月当たりの書籍代をお答えください。

（　　　　）円

　回答者全体を（質問1）の答えにもとづき男女に分けてから、（質問2）の答えを一覧表にしたのが、つぎのデータ表である。男女それぞれ20人ずつ回答している。

データ表

	男	女		男	女
1	12,000	9,000	11	40,000	33,500
2	19,000	14,000	12	33,000	30,000
3	9,500	6,000	13	50,000	32,500
4	31,000	28,000	14	23,000	18,000
5	12,500	5,500	15	10,500	4,000
6	21,000	16,000	16	22,000	17,000
7	20,000	15,000	17	34,000	30,500
8	18,500	7,000	18	11,000	8,000
9	25,000	27,000	19	32,000	29,000
10	13,000	10,000	20	24,000	26,000

男性と女性で書籍代に差があるかどうか検定せよ。

■ 考え方

　この例題における男性20人と女性20人は何の関係もない2つのグループである。このような2つのグループを独立した2つの標本と呼ぶ。このような2つの独立した標本における平均値の差が統計学的に意味のあるものかどうかを判定する（言い方を換えれば、2つの母平均に差があるかどうかを判定する）ための手法として、**2つの母平均の差の t 検定**がある。t 検定はデータが正規分布に従っていると仮定できるような状況で用いられる。

■ グラフ化

このようなデータは層別ドットプロットを用いるとよい。

層別ドットプロット

●男 ○女

＜ 作り方 ＞

	A	B	C	D	E	F
1	男	女		X	男	女
2	12,000	9,000		12,000	1	
3	19,000	14,000		19,000	1	
4	9,500	6,000	→	9,500	1	
5	31,000	28,000		31,000	1	

・ ・ ・ ・ ・ ・ ・ ・ ・ ・ ・ ・ ・ ・ ・

37			17,000		2
38			30,500		2
39			8,000		2
40			29,000		2
41			26,000		2

D 列に男女のデータを１列に入力する。

E 列に男のデータであること示す数値「1」を男のデータの数だけ入力する。

隣の F 列に女のデータであること示す数値「2」を女のデータの数だけ入力する。

D 列の１行目から F 列の最後の行までを範囲指定して、「散布図」を作成する。

データが多いときには箱ひげ図も適切なグラフである。

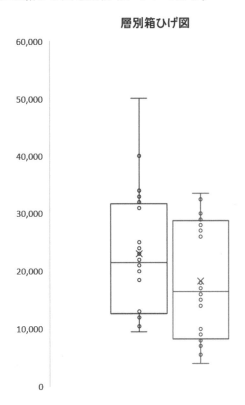

層別箱ひげ図

■ 検定の仮説

この例題で検定しようとしている仮説は、つぎのように表される。

$$帰無仮説\ H_0：\mu_1 = \mu_2$$
$$対立仮説\ H_1：\mu_1 \neq \mu_2$$

ここに、μ_1は男性の書籍代の母平均、μ_2は女性の書籍代の母平均を表す。

■ Excel による解法

手順 ① データの入力

	A	B
1	男	女
2	12,000	9,000
3	19,000	14,000
4	9,500	6,000
5	31,000	28,000
6	12,500	5,500
7	21,000	16,000
8	20,000	15,000
9	18,500	7,000
10	25,000	27,000

11	13,000	10,000
12	40,000	33,500
13	33,000	30,000
14	50,000	32,500
15	23,000	18,000
16	10,500	4,000
17	22,000	17,000
18	34,000	30,500
19	11,000	8,000
20	32,000	29,000
21	24,000	26,000

手順 ② 関数と計算式の入力

関数 TTEST を使って t 検定を実行する。なお、検定を行う前に、男女の平均値、標準偏差、平均値の差などの統計量を計算して確認しておくとよい。

	A	B	C	D	E	F	G	H	I
1	男	女					男	女	
2	12,000	9,000				サンプルサイズ	20	20	
3	19,000	14,000				平均値	23050	18300	
4	9,500	6,000				標準偏差	10889.3	10278.2	
5	31,000	28,000				平均値の差	4750		
6	12,500	5,500							
7	21,000	16,000				t検定の結果			
8	20,000	15,000				<<等分散を仮定した場合>>			
9	18,500	7,000				有意確率（両側）	0.16415		
10	25,000	27,000				有意確率（片側）	0.08208		
11	13,000	10,000				<<等分散を仮定しない場合>>			
12	40,000	33,500				有意確率（両側）	0.16418		
13	33,000	30,000				有意確率（片側）	0.08209		
14	50,000	32,500							
15	23,000	18,000				F検定の結果			
16	10,500	4,000				有意確率（両側）	0.80385		
17	22,000	17,000							
18	34,000	30,500							
19	11,000	8,000							
20	32,000	29,000							
21	24,000	26,000							

	A	B	C	D	E	F	G	H
1	男	女					男	女
2	12,000	9,000				サンプルサイズ	=COUNT(A:A)	=COUNT(B:B)
3	19,000	14,000				平均値	=AVERAGE(A:A)	=AVERAGE(B:B)
4	9,500	6,000				標準偏差	=STDEV(A:A)	=STDEV(B:B)
5	31,000	28,000				平均値の差	=ABS(G3-H3)	
6	12,500	5,500						
7	21,000	16,000				t検定の結果		
8	20,000	15,000				<<等分散を仮定した場合>>		
9	18,500	7,000				有意確率（両側）	=TTEST(A:A,B:B,2,2)	
10	25,000	27,000				有意確率（片側）	=TTEST(A2:A21,B2:B21,1,2)	
11	13,000	10,000				<<等分散を仮定しない場合>>		
12	40,000	33,500				有意確率（両側）	=TTEST(A:A,B:B,2,3)	
13	33,000	30,000				有意確率（片側）	=TTEST(A:A,B:B,1,3)	
14	50,000	32,500						
15	23,000	18,000				F検定の結果		
16	10,500	4,000				有意確率（両側）	=FTEST(A:A,B:B)	
17	22,000	17,000						

［セルの内容］

<< 統計量 >>

G2；=COUNT(A:A)　　　　H2；=COUNT(B:B)

G3；=AVERAGE(A:A)　　　H3；=AVERAGE(B:B)

G4；=STDEV(A:A)　　　　H4；=STDEV(B2:B21)

G5；=ABS(G3-H3)

<< t検定 >>

G9；=TTEST(A:A,B:B,2,2)

G10；=TTEST(A:A,B:B,1,2)

G12；=TTEST(A:A,B:B,2,3)

G13；=TTEST(A:A,B:B,1,3)

<< F検定 >>

G16；=FTEST(A:A,B:B)

■ 結果の見方

2 つの母平均の差の t 検定は、2 グループの母分散が等しいと仮定する場合と仮定しない場合とで計算方法が異なり、結論も一致するとは限らない。母分散が等しいと仮定しない場合の方法を**ウェルチ（Welch）の t 検定**という。

母分散が等しいと仮定した t 検定の結果を採用するか、等しいと仮定しない t 検定の結果を採用するかは、**F 検定**の結果を参考にする。ここで用いる F 検定とは 2 つの母分散が等しいかどうかを判定するための検定で、仮説はつぎの通りである。

$$\text{帰無仮説 } H_0 : \sigma_1{}^2 = \sigma_2{}^2$$
$$\text{対立仮説 } H_1 : \sigma_1{}^2 \neq \sigma_2{}^2$$

ここに、$\sigma_1{}^2$ は男性の書籍代の母分散、$\sigma_2{}^2$ は女性の書籍代の母分散を表す。

検定では帰無仮説 H_0 と対立仮説 H_1 と呼ばれる 2 つの仮説を立てて、**有意確率（p 値とも呼ばれる）**の値を計算する。この値が有意水準（通常は 0.05）以下であれば、H_0 を棄却する。なお、有意確率には両側と片側があり、H_1 が ≠ で表現されるときは両側、＞ あるいは ＜ で表現されるときは片側の有意確率が使われる。

F 検定の有意確率を見ると、

$$\text{有意確率（両側）} = 0.80385 > \text{有意水準 } 0.05$$

なので、帰無仮説 H_0 は棄却されず、母分散に違いがあるとはいえない。したがって、平均値の差の検定結果は等分散を仮定する t 検定の結果を採用することにする。t 検定の有意確率を見ると、

$$\text{有意確率（両側）} = 0.16415 > \text{有意水準 } 0.05$$

なので、帰無仮説 H_0 は棄却されず、母平均に差があるとはいえない。すなわち、男女の書籍代には差があるとはいえない。

■ 考え方

先の例題ではt検定を用いたが、ここでは**ノンパラメトリック法**と呼ばれる方法を紹介しよう。

アンケートで得られるようなデータには、**外れ値**が存在したり、データに特定の分布を仮定できない（正規分布と仮定できない）ことがよくある。このようなときには、ノンパラメトリック法が有効である。ノンパラメトリック法は、データに特定の分布を仮定しない解析方法の総称であり、これから紹介する手法はノンパラメトリック法の中の1つの手法である。

ノンパラメトリック法の特徴は、データを**順位値**（データを大小の順で並べ替えたときの順位）に変換し、順位値を解析の対象とするところにある。順位値に変換することで、もとのデータの分布を問題としないで解析できるようにしている。

この例題は男女の書籍代の中心位置の違いを検定する問題であり、一般には先の例題のようにt検定が用いられる。しかし、t検定は正規分布を仮定した検定方法なので、正規分布を仮定できない場合には不適切である。このようなときによく使われる検定方法が **Wilcoxon（ウィルコクソン）の順位和検定**とよばれるノンパラメトリック法である。このののンパラメトリック法は Mann-Whitney（マン・ホイットニー）の U 検定とも呼ばれて紹介される手法と同じ結果になる。

■ 検定の仮説

帰無仮説と対立仮説はつぎのようになる。

帰無仮説 H_0：2つのグループの中心位置は同じである。

対立仮説 H_1：2つのグループの中心位置はズレている。

この例題では、2つのグループ（男性と女性）の書籍代に差があるかどうかが興味の対象なので両側仮説である。

いま、第 1 グループのデータ数（サンプルサイズ）を n_1、第 2 グループのデータ数を n_2、全体のデータ数を n（$=n_1+n_2$）とする。

順位和検定では最初に 2 つのグループのデータを一緒にして、小さいほうから順に 1, 2, …, n と順位をつける。つぎに、第 1 グループの順位和（順位の合計）W_1 と第 2 グループの順位和 W_2 を求める。

ここで、データ数の少ないほうのグループの順位和を W とし、そのデータ数を m とする。検定統計量 z はつぎのようになる。

$$z = \frac{W - \dfrac{m(n+1)}{2}}{\sqrt{\dfrac{n_1 n_2 (n+1)}{12}}}$$

有意確率は検定統計量 z が帰無仮説のもとで平均 0、標準偏差 1 の標準正規分布に従うことを利用して算出する。

■ Excel による解法

手順 (1) データの入力

	A	B
	男	女
2	12,000	9,000
3	19,000	14,000
4	9,500	6,000
5	31,000	28,000
6	12,500	5,500
7	21,000	16,000
8	20,000	15,000
9	18,500	7,000
10	25,000	27,000
11	13,000	10,000
12	40,000	33,500
13	33,000	30,000
14	50,000	32,500
15	23,000	18,000
16	10,500	4,000
17	22,000	17,000
18	34,000	30,500
19	11,000	8,000
20	32,000	29,000
21	24,000	26,000

先の例題と同じ入力となる。

手順 ② 順位値の計算

セル C2 から D21 に 2 グループ（男性と女性）全体の順位値を算出する。

最初に C2 に

$$=RANK(A2,\$A\$2:\$B\$21,1)$$

と入力し、C2 を C2 から D21 までコピーする。

	A	B	C	D
1	男	女	男：順位	女：順位
2	12,000	9,000	11	6
3	19,000	14,000	20	14
4	9,500	6,000	7	3
5	31,000	28,000	33	29
6	12,500	5,500	12	2
7	21,000	16,000	22	16
8	20,000	15,000	21	15
9	18,500	7,000	19	4
10	25,000	27,000	26	28
11	13,000	10,000	13	8
12	40,000	33,500	39	37
13	33,000	30,000	36	31
14	50,000	32,500	40	35
15	23,000	18,000	24	18
16	10,500	4,000	9	1
17	22,000	17,000	23	17
18	34,000	30,500	38	32
19	11,000	8,000	10	5
20	32,000	29,000	34	30
21	24,000	26,000	25	27

C	D
男：順位	女：順位
=RANK(A2,$A$2:$B$21,1)	=RANK(B2,$A$2:$B$21,1)
=RANK(A3,$A$2:$B$21,1)	=RANK(B3,$A$2:$B$21,1)
=RANK(A4,$A$2:$B$21,1)	=RANK(B4,$A$2:$B$21,1)
=RANK(A5,$A$2:$B$21,1)	=RANK(B5,$A$2:$B$21,1)
=RANK(A6,$A$2:$B$21,1)	=RANK(B6,$A$2:$B$21,1)
=RANK(A7,$A$2:$B$21,1)	=RANK(B7,$A$2:$B$21,1)
=RANK(A8,$A$2:$B$21,1)	=RANK(B8,$A$2:$B$21,1)
=RANK(A9,$A$2:$B$21,1)	=RANK(B9,$A$2:$B$21,1)
=RANK(A10,$A$2:$B$21,1)	=RANK(B10,$A$2:$B$21,1)
=RANK(A11,$A$2:$B$21,1)	=RANK(B11,$A$2:$B$21,1)
=RANK(A12,$A$2:$B$21,1)	=RANK(B12,$A$2:$B$21,1)
=RANK(A13,$A$2:$B$21,1)	=RANK(B13,$A$2:$B$21,1)
=RANK(A14,$A$2:$B$21,1)	=RANK(B14,$A$2:$B$21,1)
=RANK(A15,$A$2:$B$21,1)	=RANK(B15,$A$2:$B$21,1)
=RANK(A16,$A$2:$B$21,1)	=RANK(B16,$A$2:$B$21,1)
=RANK(A17,$A$2:$B$21,1)	=RANK(B17,$A$2:$B$21,1)
=RANK(A18,$A$2:$B$21,1)	=RANK(B18,$A$2:$B$21,1)
=RANK(A19,$A$2:$B$21,1)	=RANK(B19,$A$2:$B$21,1)
=RANK(A20,$A$2:$B$21,1)	=RANK(B20,$A$2:$B$21,1)
=RANK(A21,$A$2:$B$21,1)	=RANK(B21,$A$2:$B$21,1)

各グループの順位の合計値と平均値を求める。

	A	B	C	D	E	F	G	H	I
1	男	女	男：順位	女：順位				男	女	
2	12,000	9,000	11	6		サンプルサイズ	20	20	
3	19,000	14,000	20	14		順位和	462	358	
4	9,500	6,000	7	3		平均順位和	23.1	17.9	
5	31,000	28,000	33	29					

	A	B	C	D	E	F	G	H
1	男	女	男：順位	女：順位			男	女
2	12,000	9,000	11	6		サンプルサイズ	=COUNT(A:A)	=COUNT(B:B)
3	19,000	14,000	20	14		順位和	=SUM(C:C)	=SUM(D:D)
4	9,500	6,000	7	3		平均順位和	=G3/G2	=H3/H2
5	31,000	28,000	33	29				

［セルの内容］

G2；=COUNT(A:A)　　　H2；=COUNT(B:B)

G3；=SUM(C:C)　　　　H3；=SUM(D:D)

G4；=G3/G2　　　　　H4；=H3/H2

※同順位があるときには関数 RANK.AVG を用いるほうがよい。

	A	B	C	D
1	データ	RANKによる順位値	RANK.AVGによる順位値	
2	11.3	1	1	=RANK.AVG(A2,$A$2:$A$9,1)
3	12.9	2	2.5	
4	12.9	2	2.5	
5	22.6	4	5.5	
6	22.6	4	5.5	
7	22.6	4	5.5	
8	22.6	4	5.5	
9	35.4	8	8	

検定統計量と有意確率（p値）を求める。

	A	B	C	D	E	F	G	H	I
1	男	女	男：順位	女：順位			男	女	
2	12,000	9,000	11	6		サンプルサイズ	20	20	
3	19,000	14,000	20	14		順位和	462	358	
4	9,500	6,000	7	3		平均順位和	23.1	17.9	
5	31,000	28,000	33	29		検定統計量	1.4066		
6	12,500	5,500	12	2		有意確率（片側）	0.0798		
7	21,000	16,000	22	16		有意確率（両側）	0.1595		
8	20,000	15,000	21	15					

	F	G	H	I	J	K	L
		男	女				
	サンプルサイズ	20	20				
	順位和	462	358				
	平均順位和	23.1	17.9				
	検定統計量	=(G3-G2*(G2+H2+1)/2)/SQRT(G2*H2*(G2+H2+1)/12)					
	有意確率（片側）	=1-NORMSDIST(ABS(G5))					
	有意確率（両側）	=2*G6					

［セルの内容］

G5；=(G3－G2＊(G2+H2+1)/2)/SQRT(G2＊H2＊(G2+H2+1)/12)

G6；=1－NORMSDIST(ABS(G5))

G7；=2＊G6

■ 結果の見方

有意確率（両側）＝0.15954＞有意水準 0.05

なので、帰無仮説 H_0 は棄却されない。すなわち、男女の書籍代に差があるとはいえない。

例題 4-2

あるアンケートでつぎのような質問を昨年と今年の2回、同一人物に行った。

（質問）あなたの1ヶ月当たりの書籍代をお答えください。

（　　　　）円

この回答結果を整理したのがつぎのデータ表である。20人が回答している。

データ表

回答者	昨年	今年	回答者	昨年	今年
1	12,000	10,000	11	40,000	52,000
2	19,000	16,000	12	33,000	46,000
3	9,500	8,000	13	50,000	53,500
4	31,000	32,400	14	23,000	32,500
5	12,500	13,800	15	10,500	10,000
6	21,000	22,450	16	22,000	27,000
7	20,000	22,500	17	34,000	38,000
8	18,500	31,000	18	11,000	15,500
9	25,000	23,100	19	32,000	40,500
10	13,000	3,000	20	24,000	32,000

昨年と今年では書籍代に差があるといえるかどうかを検定せよ。

■ 考え方

　この例題における昨年のデータ 20 個と今年のデータ 20 個は同一人物が回答しているので、ペアになっている。このような 2 つのグループを**対応のある 2 つの標本**と呼ぶ。対応のある 2 つの標本における平均値の差を検定するには、対応のある **2 つの母平均の差の検定**が用いられる。この検定においても t 検定が用いられるが、独立な 2 つの標本の検定に用いられる t 検定とは計算方法が異なる。

■ グラフ化

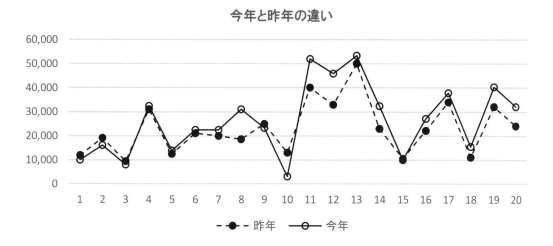

（横軸は回答者番号）

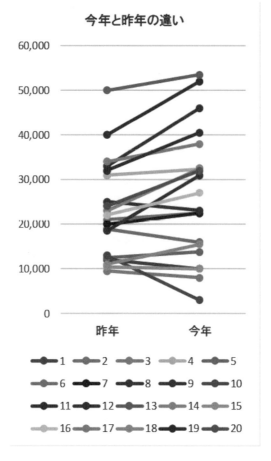

（回答者番号）

今年と昨年の違い（増加群）

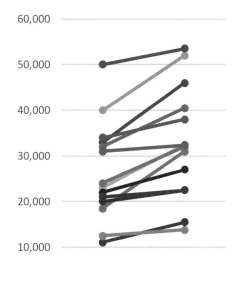

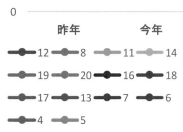

（回答者番号）

今年と昨年の違い（減少群）

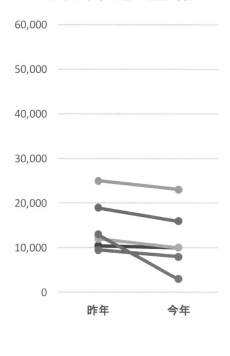

（回答者番号）

今年と昨年の散布図

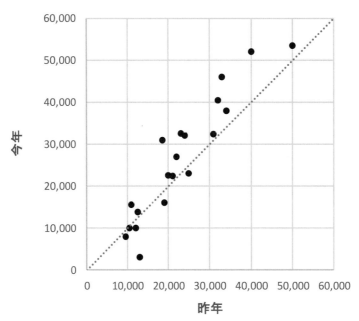

昨年と今年の書籍代には正の相関がある。（※）相関については第5章を参照。

差（今年－昨年）のドットプロット

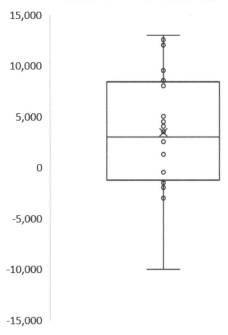

差（今年－昨年）の箱ひげ図

■ 検定の仮説

この例題で検定しようとしている仮説は、つぎのように表される。

$$帰無仮説\ H_0 : \mu_1 - \mu_2 = 0$$
$$対立仮説\ H_1 : \mu_1 - \mu_2 \neq 0$$

ここに、μ_1は昨年の書籍代の母平均、μ_2は今年の書籍代の母平均を表す。

■ Excel による解法

手順 ① データの入力

	A	B
1	昨年	今年
2	12,000	10,000
3	19,000	16,000
4	9,500	8,000
5	31,000	32,400
6	12,500	13,800
7	21,000	22,450
8	20,000	22,500
9	18,500	31,000
10	25,000	23,100

11	13,000	3,000
12	40,000	52,000
13	33,000	46,000
14	50,000	53,500
15	23,000	32,500
16	10,500	10,000
17	22,000	27,000
18	34,000	38,000
19	11,000	15,500
20	32,000	40,500
21	24,000	32,000

手順 ② 有意確率（p値）の計算

　関数 TTEST を使って対応のあるときの t 検定を実行する。なお、検定を行う前に、男女の平均値、標準偏差、平均値の差などの統計量を計算して確認しておくとよい。

	A	B	C	D	E	F	G	H	I
1	昨年	今年					昨年	今年	
2	12,000	10,000				サンプルサイズ	20	20	
3	19,000	16,000				平均値	23050	26462.5	
4	9,500	8,000				標準偏差	10889.3	14662.5	
5	31,000	32,400				平均値の差	3412.5		
6	12,500	13,800							
7	21,000	22,450							
8	20,000	22,500				対応のある平均値の差の検定（t検定）			
9	18,500	31,000				有意確率（両側）	0.01855		
10	25,000	23,100				有意確率（片側）	0.00928		
11	13,000	3,000							

	A	B	C	D	E	F	G	H
1	昨年	今年					昨年	今年
2	12,000	10,000				サンプルサイズ	=COUNT(A:A)	=COUNT(B:B)
3	19,000	16,000				平均値	=AVERAGE(A:A)	=AVERAGE(B:B)
4	9,500	8,000				標準偏差	=STDEV(A:A)	=STDEV(B:B)
5	31,000	32,400				平均値の差	=ABS(G3-H3)	
6	12,500	13,800						
7	21,000	22,450						
8	20,000	22,500				対応のある平均値の差の検定（t検定）		
9	18,500	31,000				有意確率（両側）	=TTEST(A:A,B:B,2,1)	
10	25,000	23,100				有意確率（片側）	=TTEST(A:A,B:B,1,1)	
11	13,000	3,000						

［セルの内容］

＜＜統計量＞＞

G2 ; =COUNT(A:A)　　　　　H2 ; =COUNT(B:B)

G3 ; =AVERAGE(A:A)　　　　H3 ; =AVERAGE(B:B)

G4 ; =STDEV(A:A)　　　　　H4 ; =STDEV(B:B)

G5 ; =ABS(G3－H3)

G9 ; =TTEST(A:A,B:B,2,1)

G10 ; =TTEST(A:A,B:B,1,1)

■ 結果の見方

$$有意確率（両側）＝0.01855＜有意水準\ 0.05$$

なので、帰無仮説 H_0 は棄却される。すなわち、今年と昨年の書籍代には差があるといえる。

1-4 ● Wilcoxon の符号付順位検定

■考え方

Wilcoxon の順位和検定は、2 グループのデータがまったく別々に、つまり、独立に収集された場面で適用できる手法である。この例題の場合は、2 グループのデータが独立ではなく、ペア（対）になって得られている。このようなときには、データに対応があることになり、**Wilcoxon の符号付順位検定**を適用する。

■検定の仮説

帰無仮説と対立仮説は、つぎのようになる。

（両側仮説の場合）

> 帰無仮説 H_0：2 つのグループの中心位置は同じである。
> 対立仮説 H_1：2 つのグループの中心位置はズレている。

（片側仮説の場合）

> 帰無仮説 H_0：2 つのグループの中心位置は同じである。
> 対立仮説 H_1：1 つのグループの中心位置は右（左）にズレている。

Wilcoxon の符号付順位検定では、最初にペアの差（昨年と今年の差）d を求める。そして、差の絶対値 | d | について、小さいほうから順に順位をつける。なお、順位をつけるときに差 d が 0 のものは無視する。

つぎに、d＞0 と d＜0 の 2 群に分ける。そして、 d＞0 の群についての順位和 T_1 と、d＜0 の群についての順位和 T2 を求める。

T_1 と T_2 の小さいほうを T とし、データ数（ペアの数）を n とすると、検定統計量 z はつぎのようになる。

$$z=\frac{T-\dfrac{n(n+1)}{4}}{\sqrt{\dfrac{n(n+1)(2n+1)}{24}}}$$

　検定統計量 z が帰無仮説のもとで平均 0、標準偏差 1 の標準正規分布に従うことを利用して有意確率を算出する。

■ Excel による解法

手順 ①　データの入力

先の例題と同様に入力する。

	A	B
1	昨年	今年
2	12,000	10,000
3	19,000	16,000
4	9,500	8,000
5	31,000	32,400
6	12,500	13,800
7	21,000	22,450
8	20,000	22,500
9	18,500	31,000
10	25,000	23,100
11	13,000	3,000
12	40,000	52,000
13	33,000	46,000
14	50,000	53,500
15	23,000	32,500
16	10,500	10,000
17	22,000	27,000
18	34,000	38,000
19	11,000	15,500
20	32,000	40,500
21	24,000	32,000

手順 ②　差・差の絶対値・順位値の計算

	A	B	C	D	E
1	昨年	今年	今年－昨年	絶対値	順位値
2	12,000	10,000	-2,000	2000	7
3	19,000	16,000	-3,000	3000	9
4	9,500	8,000	-1,500	1500	5
5	31,000	32,400	1,400	1400	3
6	12,500	13,800	1,300	1300	2
7	21,000	22,450	1,450	1450	4
8	20,000	22,500	2,500	2500	8
9	18,500	31,000	12,500	12500	19
10	25,000	23,100	-1,900	1900	6

	A	B	C	D	E
1	昨年	今年	今年－昨年	絶対値	順位値
2	12,000	10,000	=B2-A2	=ABS(C2)	=IF(D2=0,"",RANK(D2,$D$2:$D$21,1)-COUNTIF($D$2:$D$21,0))
3	19,000	16,000	=B3-A3	=ABS(C3)	=IF(D3=0,"",RANK(D3,$D$2:$D$21,1)-COUNTIF($D$2:$D$21,0))
4	9,500	8,000	=B4-A4	=ABS(C4)	=IF(D4=0,"",RANK(D4,$D$2:$D$21,1)-COUNTIF($D$2:$D$21,0))
5	31,000	32,400	=B5-A5	=ABS(C5)	=IF(D5=0,"",RANK(D5,$D$2:$D$21,1)-COUNTIF($D$2:$D$21,0))
6	12,500	13,800	=B6-A6	=ABS(C6)	=IF(D6=0,"",RANK(D6,$D$2:$D$21,1)-COUNTIF($D$2:$D$21,0))
7	21,000	22,450	=B7-A7	=ABS(C7)	=IF(D7=0,"",RANK(D7,$D$2:$D$21,1)-COUNTIF($D$2:$D$21,0))
8	20,000	22,500	=B8-A8	=ABS(C8)	=IF(D8=0,"",RANK(D8,$D$2:$D$21,1)-COUNTIF($D$2:$D$21,0))
9	18,500	31,000	=B9-A9	=ABS(C9)	=IF(D9=0,"",RANK(D9,$D$2:$D$21,1)-COUNTIF($D$2:$D$21,0))
10	25,000	23,100	=B10-A10	=ABS(C10)	=IF(D10=0,"",RANK(D10,$D$2:$D$21,1)-COUNTIF($D$2:$D$21,0))
11	13,000	3,000	=B11-A11	=ABS(C11)	=IF(D11=0,"",RANK(D11,$D$2:$D$21,1)-COUNTIF($D$2:$D$21,0))
12	40,000	52,000	=B12-A12	=ABS(C12)	=IF(D12=0,"",RANK(D12,$D$2:$D$21,1)-COUNTIF($D$2:$D$21,0))
13	33,000	46,000	=B13-A13	=ABS(C13)	=IF(D13=0,"",RANK(D13,$D$2:$D$21,1)-COUNTIF($D$2:$D$21,0))
14	50,000	53,500	=B14-A14	=ABS(C14)	=IF(D14=0,"",RANK(D14,$D$2:$D$21,1)-COUNTIF($D$2:$D$21,0))
15	23,000	32,500	=B15-A15	=ABS(C15)	=IF(D15=0,"",RANK(D15,$D$2:$D$21,1)-COUNTIF($D$2:$D$21,0))
16	10,500	10,000	=B16-A16	=ABS(C16)	=IF(D16=0,"",RANK(D16,$D$2:$D$21,1)-COUNTIF($D$2:$D$21,0))
17	22,000	27,000	=B17-A17	=ABS(C17)	=IF(D17=0,"",RANK(D17,$D$2:$D$21,1)-COUNTIF($D$2:$D$21,0))
18	34,000	38,000	=B18-A18	=ABS(C18)	=IF(D18=0,"",RANK(D18,$D$2:$D$21,1)-COUNTIF($D$2:$D$21,0))
19	11,000	15,500	=B19-A19	=ABS(C19)	=IF(D19=0,"",RANK(D19,$D$2:$D$21,1)-COUNTIF($D$2:$D$21,0))
20	32,000	40,500	=B20-A20	=ABS(C20)	=IF(D20=0,"",RANK(D20,$D$2:$D$21,1)-COUNTIF($D$2:$D$21,0))
21	24,000	32,000	=B21-A21	=ABS(C21)	=IF(D21=0,"",RANK(D21,$D$2:$D$21,1)-COUNTIF($D$2:$D$21,0))

［セルの内容］

C2；=B2－A2　　　　　　　　　　　　（C2 を C3 から C21 までコピーする。）

D2；=ABS(C2)　　　　　　　　　　　　（D2 を D3 から D21 までコピーする。）

E2；=IF(D2=0,"",RANK(D2,$D$2:$D$21,1)－COUNTIF($D$2:$D$21,0))

　　　　　　　　　　　　　　　　　（E2 を E3 から E21 までコピーする。）

順位和を計算するための準備として、

F2 に　=IF(C2 > 0,E2,0)

G2 に　=IF(C2 < 0,E2,0)

と入力し、F2 を F3 から F21 まで、G2 を G3 から G21 までコピーする。

	A	B	C	D	E	F	G
1	昨年	今年	今年－昨年	絶対値	順位値	計算用1	計算用2
2	12,000	10,000	-2,000	2000	7	0	7
3	19,000	16,000	-3,000	3000	9	0	9
4	9,500	8,000	-1,500	1500	5	0	5
5	31,000	32,400	1,400	1400	3	3	0
6	12,500	13,800	1,300	1300	2	2	0
7	21,000	22,450	1,450	1450	4	4	0
8	20,000	22,500	2,500	2500	8	8	0
9	18,500	31,000	12,500	12500	19	19	0
10	25,000	23,100	-1,900	1900	6	0	6
11	13,000	3,000	-10,000	10000	17	0	17
12	40,000	52,000	12,000	12000	18	18	0
13	33,000	46,000	13,000	13000	20	20	0
14	50,000	53,500	3,500	3500	10	10	0
15	23,000	32,500	9,500	9500	16	16	0
16	10,500	10,000	-500	500	1	0	1
17	22,000	27,000	5,000	5000	13	13	0
18	34,000	38,000	4,000	4000	11	11	0
19	11,000	15,500	4,500	4500	12	12	0
20	32,000	40,500	8,500	8500	15	15	0
21	24,000	32,000	8,000	8000	14	14	0

F	G
計算用1	計算用2
=IF(C2 > 0,E2,0)	=IF(C2 < 0,E2,0)
=IF(C3 > 0,E3,0)	=IF(C3 < 0,E3,0)
=IF(C4 > 0,E4,0)	=IF(C4 < 0,E4,0)
=IF(C5 > 0,E5,0)	=IF(C5 < 0,E5,0)
=IF(C6 > 0,E6,0)	=IF(C6 < 0,E6,0)
=IF(C7 > 0,E7,0)	=IF(C7 < 0,E7,0)
=IF(C8 > 0,E8,0)	=IF(C8 < 0,E8,0)
=IF(C9 > 0,E9,0)	=IF(C9 < 0,E9,0)
=IF(C10 > 0,E10,0)	=IF(C10 < 0,E10,0)
=IF(C11 > 0,E11,0)	=IF(C11 < 0,E11,0)
=IF(C12 > 0,E12,0)	=IF(C12 < 0,E12,0)
=IF(C13 > 0,E13,0)	=IF(C13 < 0,E13,0)
=IF(C14 > 0,E14,0)	=IF(C14 < 0,E14,0)
=IF(C15 > 0,E15,0)	=IF(C15 < 0,E15,0)
=IF(C16 > 0,E16,0)	=IF(C16 < 0,E16,0)
=IF(C17 > 0,E17,0)	=IF(C17 < 0,E17,0)
=IF(C18 > 0,E18,0)	=IF(C18 < 0,E18,0)
=IF(C19 > 0,E19,0)	=IF(C19 < 0,E19,0)
=IF(C20 > 0,E20,0)	=IF(C20 < 0,E20,0)
=IF(C21 > 0,E21,0)	=IF(C21 < 0,E21,0)

検定統計量と有意確率を求める。

	A	B	C	D	E	F	G	H	I
1	昨年	今年	今年－昨年	絶対値	順位値	計算用1	計算用2	正の順位和	165
2	12,000	10,000	-2,000	2000	7	0	7	負の順位和	45
3	19,000	16,000	-3,000	3000	9	0	9	順位和	45
4	9,500	8,000	-1,500	1500	5	0	5	ペア数	20
5	31,000	32,400	1,400	1400	3	3	0	検定統計量	-2.24
6	12,500	13,800	1,300	1300	2	2	0	有意確率（両側）	0.02509
7	21,000	22,450	1,450	1450	4	4	0	有意確率（片側）	0.01255
8	20,000	22,500	2,500	2500	8	8	0		

H	I
正の順位和	=SUM(F:F)
負の順位和	=SUM(G:G)
順位和	=IF(I1>I2,I2,I1)
ペア数	=COUNT(E:E)
検定統計量	=(I3-I4*(I4+1)/4)/SQRT(I4*(I4+1)*(2*I4+1)/24)
有意確率（両側）	=NORMSDIST(I5)*2
有意確率（片側）	=NORMSDIST(I5)

［セルの内容］

I1；=SUM(F:F)

I2；=SUM(G:G)

I3；=IF(I1 ＞ I2,I2,I1)

I4；=COUNT(E:E)

I5；=(I3－I4＊(I4+1)/4)/SQRT(I4＊(I4+1)＊(2＊I4+1)/24)

I6；=NORMSDIST(I5)＊2

I7；=NORMSDIST(I5)

■ 結果の見方

有意確率（両側）＝0.02509 ＜ 有意水準 0.05

なので、帰無仮説 H_0 は棄却される。すなわち、昨年と今年の書籍代に差があるといえる。

2-1 ● 比率に関する検定

例題 4-3

　あるホテルでは従来から宿泊客を対象にアンケートを実施していた。アンケートで調べている項目の中に宿泊を予約するときの電話対応があった。電話対応に何らかの不満を持つ人の比率は従来15%であった。今回、顧客の不満を低減するために予約担当者を集めて教育を行った。教育後、宿泊客100人を調査したところ、7人が不満を持っていた。不満率（不満を持つ人の比率）は従来の15%よりも低くなったといえるだろうか。

■ 検定の仮説

この例題で検定しようとしている仮説は、つぎのように表される。

$$帰無仮説 H_0 \ : \ 母不満率 \ \pi \ = \ 0.15$$
$$対立仮説 H_1 \ : \ 母不満率 \ \pi \ < \ 0.15$$

■ 母比率の検定方法

母比率に関する検定の方法には、つぎの3つの方法がある。

① 直接確率計算法

② F分布法

③ 正規近似法

直接確率計算法は二項分布の性質を利用して比率に関する検定を行う方法であり、F分布法は二項分布と密接な関係があるF分布の性質を利用して検定を行う方法である。正規近似法は

二項分布するデータを正規分布するものとみなして、正規分布の性質を利用して検定を行う方法である。ここでは直接確率計算法を紹介しよう。

■ 直接確率計算法

検定で設定した帰無仮説の値を π_0 とすると、注目している現象が n 回中 x 回発生する確率 P_x は以下の式で計算される。

$$P_x = \frac{n!}{x!(n-x)!} \pi_0{}^x (1-\pi_0)^{n-x}$$

$$W_1 = \sum_{x=0}^{r} P_x$$

$$W_2 = \sum_{x=r}^{n} P_x$$

ここに、n は試行回数（サンプルサイズ）、r は発生回数（出現数）とする。

W_1 は発生回数が 0 回から r 回までの合計となるので、r 回以下となる確率になる。

W_2 は発生回数が r 回から n 回までの合計となるので、r 回以上となる確率になる。

そこで、有意確率は以下のように計算される。

① 対立仮説 H_1 が $\pi \neq \pi_0$ の場合

$\quad\quad\quad\quad W_1 \geqq W_2$ のとき　　有意確率（両側）＝ $2 \times W_2$

$\quad\quad\quad\quad W_1 < W_2$ のとき　　有意確率（両側）＝ $2 \times W_1$

② 対立仮説 H_1 が $\pi > \pi_0$ の場合

$\quad\quad\quad\quad\quad\quad$ 有意確率（片側）＝ W_2

③ 対立仮説 H_1 が $\pi < \pi_0$ の場合

$\quad\quad\quad\quad\quad\quad$ 有意確率（片側）＝ W_1

有意かどうかの判定は次のようになる。

① 対立仮説 H_1 が $\pi \neq \pi_0$ の場合

有意確率（両側）$\leqq$ 有意水準 α → 帰無仮説 H_0 を棄却する

有意確率（両側）$>$ 有意水準 α → 帰無仮説 H_0 を棄却しない

② 対立仮説 H_1 が $\pi > \pi_0$（または $\pi < \pi_0$）の場合

有意確率（片側）$\leqq$ 有意水準 α → 帰無仮説 H_0 を棄却する

有意確率（片側）$>$ 有意水準 α → 帰無仮説 H_0 を棄却しない

■ 両側仮説と片側仮説

$\pi > \pi_0$ という対立仮説を設定するのは、つぎのような状況のときに限られる。

(1) $\pi < \pi_0$ となることが理論的にあり得ない。

(2) $\pi < \pi_0$ であることを検証することに意味がない。

逆に、$\pi < \pi_0$ という対立仮説を設定するのは、つぎのような状況のときに限られる。

(3) $\pi > \pi_0$ となることが理論的にあり得ない。

(4) $\pi > \pi_0$ であることを検証することに意味がない。

帰無仮説を棄却するかどうかの判定には、片側仮説のときには、片側の有意確率が用いられ、両側仮説の検定のときには両側の有意確率が用いられる。

■ Excel による解法

手順① データの入力

セル C1 にサンプルサイズ、C2 に出現数を入力する。

	A	B	C	D
1	サンプルサイズ	n	100	
2	出現数	m	7	
3				

手順 ② 有意確率の計算

C7 から C13 に有意確率を算出するための数式と統計関数を入力する。

	A	B	C	D
1	サンプルサイズ	n	100	
2	出現数	m	7	
3	非出現数	$n-m$	93	
4	比率	$\hat{\pi}$	0.07	
5	仮説の値	π_0	0.15	
6	有意水準	α	0.05	
7	発生確率	$\Pr(x>m)$	0.98783	
8	発生確率	$\Pr(x=m)$	0.00746	
9	発生確率	$\Pr(x<m)$	0.00470	
10				
11	有意確率(両側)	p値	0.02433	
12	有意確率(片側):上	p値	0.99530	
13	有意確率(片側):下	p値	0.01217	
14				

	A	B	C
1	サンプルサイズ	n	100
2	出現数	m	7
3	非出現数	$n-m$	=C1-C2
4	比率	$\hat{\pi}$	=C2/C1
5	仮説の値	π_0	0.15
6	有意水準	α	0.05
7	発生確率	$\Pr(x>m)$	=1-BINOMDIST(C2,C1,C5,1)
8	発生確率	$\Pr(x=m)$	=BINOMDIST(C2,C1,C5,0)
9	発生確率	$\Pr(x<m)$	=BINOMDIST(C2-1,C1,C5,1)
10			
11	有意確率(両側)	p値	=IF(C7<C9,(C7+C8)*2,(C9+C8)*2)
12	有意確率(片側):上	p値	=C7+C8
13	有意確率(片側):下	p値	=C8+C9

［セルの内容］

C3 ; =C1－C2

C4 ; =C2/C1

C5 ; 0.15

C6 ; 0.05

C7 ; =1－BINOMDIST(C2,C1,C5,1)

C8 ; =BINOMDIST(C2,C1,C5,0)

C9 ; =BINOMDIST(C2－1,C1,C5,1)

C11 ; =IF(C7＜C9,(C7+C8)*2,(C9+C8)*2)

C12 ; =C7+C8

C13 ; =C8+C9

■ 結果の見方

$$有意確率（片側）＝0.01217 ＜ 有意水準 \alpha＝0.05$$

であるから、帰無仮説 H_0 は棄却される。すなわち、母集団の不満率は低下したといえる。

■ 関数 BINOMDIST

　関数 BINOMDIST は、二項分布の確率を算出する関数である。

　　（入力書式）＝BINOMDIST（発生数，試行数，既知の発生確率，関数形式）

＜使用例＞

　母集団の賛成率が 0.1 であるとき、その母集団から無作為に選んだ 30 人の中に賛成する人がちょうど 5 人存在する確率は、つぎのようにして求められる。

$$BINOMDIST(5,30,0.1,0)＝0.10231$$

また、賛成する人が 5 人以下である確率は、つぎのようにして求められる。

$$BINOMDIST(5,30,0.1,1)＝0.92681$$

2-2 ● 比率に関する推定

例題 4-4

先の例題における母集団の不満率を推定せよ。

■ 考え方

　検定では母比率 π がある値に等しいかどうか、あるいは、ある値より大きいかどうかを問題にした。

$$\text{帰無仮説 } H_0 \ : \ \pi = 0.15$$

の検定において、H_1 が採択されると、π は 0.15 とはいえないということがわかったことになる。その場合、次のステップとしては、「π はいくつぐらいなのか」ということが興味の対象になるのが自然であろう。この答えを出す手法が推定と呼ばれるものである。

　母比率 π はいくつぐらいなのかという問いに対して、

$$\text{「} \pi \text{ は } c \text{ と推定される」}$$

と答える推定方法を**点推定**という。標本の比率 $\hat{\pi}$ の値は母比率 π の点推定値になる。

　点推定は 1 つの値で推定するため、母比率の値をあてる可能性は低い。そこで、

$$\text{「} \pi \text{ は } a \text{ から } b \text{ の間にあると推定される」}$$

と答えれば、母比率をあてる可能性は高くなる。このように区間で推定する方法を**区間推定**と呼ぶ。区間推定では、その区間が母比率 π を含む確率も明らかにすることができる。区間推定の結論は、つぎのような形式で表現される。

$$a \ \leqq \ \pi \ \leqq \ b \quad \text{（信頼率 95\%）}$$

　$a \ \leqq \ \pi \ \leqq \ b$ を母比率の **95%信頼区間**といい、a を信頼下限、b を信頼上限という。信頼率が 95% であるというのは、この区間が母比率を含む確率が 95% であるということを意味している。信頼率は目的に応じて自由に設定できるが、通常は 95% にすることが多い。

■ 母比率の区間推定

母比率 π の区間推定を行うには、二項分布と F 分布の間に、つぎの関係があることを利用する。

試行回数（サンプルサイズ）を n、発生回数（発生数）を x とする。x が r 以上になる確率を $P_r \{x \geq r\}$、x が r 以下になる確率を $P_r \{x \leq r\}$ と表すことにする。

① $P_r \{x \geq r\} = \alpha$ となるような r および n、$\hat{\pi}\left(=\dfrac{r}{n}\right)$ の間には、つぎの関係が成立する。

$$\phi_1 = 2 \ (n-r+1)$$
$$\phi_2 = 2r$$
$$\hat{\pi} = \frac{\phi_2}{\phi_1 F(\phi_1, \phi_2 ; \alpha) + \phi_2}$$

② $P_r \{x \leq r\} = \alpha$ となるような r および n、$\hat{\pi}\left(=\dfrac{r}{n}\right)$ の間には、つぎの関係が成立する。

$$\phi_1 = 2 \ (r+1)$$
$$\phi_2 = 2 \ (n-r)$$
$$\hat{\pi} = \frac{\phi_1 F(\phi_1, \phi_2 ; \alpha)}{\phi_1 F(\phi_1, \phi_2 ; \alpha) + \phi_2}$$

■ 区間推定の手順

信頼率 $(1-\alpha) \times 100\%$ の信頼区間はつぎのように求める。

<信頼下限 π_L>

$$\phi_1 = 2 \ (n-r+1)$$
$$\phi_2 = 2r$$

<信頼上限 π_U>

$$\phi_1 = 2 \ (r+1)$$
$$\phi_2 = 2 \ (n-r)$$

$$\pi_L = \frac{\phi_2}{\phi_1 F\left(\phi_1, \phi_2 ; \dfrac{\alpha}{2}\right) + \phi_2}$$

$$\pi_U = \frac{\phi_1 F\left(\phi_1, \phi_2 ; \dfrac{\alpha}{2}\right)}{\phi_1 F\left(\phi_1, \phi_2 ; \dfrac{\alpha}{2}\right) + \phi_2}$$

■ Excel による解法

手順 1 データの入力

セル C1 にサンプルサイズ、C2 に出現数を入力する。

	A	B	C	D
1	サンプルサイズ	n	100	
2	出現数	m	7	
3				

手順 2 信頼区間の計算

セル C3 から C11、C13 から C14 に計算式を入力する。

	A	B	C	D
1	サンプルサイズ	n	100	
2	出現数	m	7	
3	非出現数	$n-m$	93	
4	比率	$\hat{\pi}$	0.07	
5	信頼率	$1-\alpha$	0.95	
6	第1自由度	a	188	
7	第2自由度	b	14	
8	F分布の%点	$F(a,b\ ;a/2)$	2.52883	
9	第1自由度	c	16	
10	第2自由度	d	186	
11	F分布の%点	$F(c,d\ ;a/2)$	1.87548	
12				
13	信頼上限	π_u	0.13892	
14	信頼下限	π_L	0.02861	
15				

▲	A	B	C
1	サンプルサイズ	n	100
2	出現数	m	7
3	非出現数	$n-m$	=C1-C2
4	比率	$\hat{\pi}$	=C2/C1
5	信頼率	$1-\alpha$	0.95
6	第1自由度	a	=2*(C3+1)
7	第2自由度	b	=2*C2
8	F分布の%点	$F(a,b\ ;a/2)$	=FINV((1-C5)/2,C6,C7)
9	第1自由度	c	=2*(C2+1)
10	第2自由度	d	=2*(C1-C2)
11	F分布の%点	$F(c,d\ ;a/2)$	=FINV((1-C5)/2,C9,C10)
12			
13	信頼上限	π_u	=C9*C11/(C9*C11+C10)
14	信頼下限	π_L	=C7/(C6*C8+C7)

［セルの内容］

C3 ; =C1－C2

C4 ; =C2/C1

C5 ; 0.95

C6 ; =2＊(C3+1)

C7 ; =2＊C2

C8 ; =FINV((1－C5)/2,C6,C7)

C9 ; =2＊(C2+1)

C10 ; =2＊(C1－C2)

C11 ; =FINV((1－C5)/2,C9,C10)

C13 ; =C9＊C11/(C9＊C11+C10)

C14 ; =C7/(C6＊C8+C7)

■ 結果の見方

母集団の不満率 π の 95% 信頼区間は、

$$0.0286 \leqq \pi \leqq 0.1389$$

となる。

■ 関数 FINV

関数 FINV は、F 分布のパーセント点を算出する関数である。

（入力書式）　＝FINV(確率，第1自由度，第2自由度)

2-3 ● 比率の差に関する検定

■ 比率の比較

　ある教育機関ではパソコンを利用する教育と利用しない教育の 2 つの方法で講習会を開催しているとしよう。2 つの方法により教育の内容が変わることはなく、講師もまったく同じとする。また、両方の教育を受ける人はいない。

　いま、講習会に不満を持っているかどうかを調査するために受講者 200 人につぎのようなアンケートを行った。

（質問 1）どちらの方法で教育を受けましたか？
　　　　　1. パソコンなし　　2. パソコンあり

（質問 2）教育に不満を持っていますか？
　　　　　1. 不満あり　　　　2. 不満なし

アンケート結果を集計したところ、つぎのような分割表に整理できた。パソコンを利用しない教育方法を A、パソコンを利用する教育方法を B と表示してある。

	不満あり	不満なし	合計
A	30	70	100
B	10	90	100
合計	40	160	200

ここで、A で不満がある人の比率を $\hat{\pi}_A$、B で不満がある人の比率を $\hat{\pi}_B$ と表すことにする。

$$\hat{\pi}_A = \frac{30}{100} = 0.3$$

$$\hat{\pi}_B = \frac{10}{100} = 0.1$$

この比率の違いをどのように評価すればよいか考えてみよう。

■ 差による比較

比率の違いを評価するには、つぎのように比率の「差」を見るのが一般的である。

$$\hat{\pi}_A - \hat{\pi}_B = 0.2$$

不満がある人の比率に着目せず、不満がない人の比率に着目するとどうなるだろうか。A で不満がない人の比率を$\hat{\pi}_A{}'$、B で不満がない人の比率を$\hat{\pi}_B{}'$と表すことにする。

$$\hat{\pi}_A{}' = 1 - \hat{\pi}_A = 0.7$$
$$\hat{\pi}_B{}' = 1 - \hat{\pi}_B = 0.9$$

したがって、不満がない人の比率の差は、

$$\hat{\pi}_A{}' - \hat{\pi}_B{}' = -0.2$$

となり、不満がある人の比率の差と不満がない人の比率の差は符号が逆になるだけで差そのものは一致する。このことは比率をどちらで見てもよいことを意味し、重要な性質である。

さて、表のデータを違う角度から眺めてみよう。不満がある人の中で A による教育を受けた人の比率を$\hat{\pi}_1$とし、不満がない人の中でAによる教育を受けた人の比率を$\hat{\pi}_2$とする。

$$\hat{\pi}_1 = \frac{30}{40} = 0.75$$

$$\hat{\pi}_2 = \frac{70}{160} = 0.4375$$

この 2 つの比率の差はつぎのようになる。

$$\hat{\pi}_1 - \hat{\pi}_2 = 0.3125$$

この結果は先の比率の差 0.2 とは一致しない。したがって、比率の差を見るときには比率そのものを算出するときに何を分母としたかに注意する必要がある。

■ 比による比較

比率の違いを差ではなく、「比」で見ることも考えられる。

$$\frac{\hat{\pi}_{\mathrm{A}}}{\hat{\pi}_{\mathrm{B}}} = \frac{0.3}{0.1} = 3$$

A による教育を受けたグループのほうが B による教育を受けたグループよりも不満の比率は3倍になっている。

ここで、差を考えたときと同様に不満がある人の比率に着目せず、不満がない人の比率に着目してみよう。このときの比はつぎのようになり、$\frac{1}{3}$ になるというわけではない。

$$\frac{\hat{\pi}_{\mathrm{A}}{}'}{\hat{\pi}_{\mathrm{B}}{}'} = \frac{0.7}{0.9} = 0.7777$$

差のときにはどちらの比率に注目しても問題はなかったが、比で見るとどちらの比率に注目したかで違いの程度が変わってしまうという問題がある。

■ オッズ比

ある事象が発生した比率を $\hat{\pi}$ とすると、発生しなかった比率は $1 - \hat{\pi}$ と表すことができる。

ここで、

$$\frac{\hat{\pi}}{1 - \hat{\pi}}$$

となる指標を考える。

これは発生した比率が発生しなかった比率の何倍になるかを計算したものであり、**オッズ**と呼ばれる指標である。

先の例でこのオッズがいくつになるかを計算してみると、A による教育を受けたグループのほうは、

$$\frac{\hat{\pi}_{\mathrm{A}}}{1 - \hat{\pi}_{\mathrm{A}}} = \frac{0.3}{0.7} = 0.42857$$

Bによる教育を受けたグループのほうは、

$$\frac{\hat{\pi}_{\mathrm{B}}}{1-\hat{\pi}_{\mathrm{B}}} = \frac{0.1}{0.9} = 0.11111$$

オッズは不満がある人の比率と不満がない人の比率の両方に着目した指標であるといえる。

比率の違いを見るのにオッズの比（**オッズ比**と呼ぶ）が使われることがある。

Aによる教育を受けたグループのオッズとBによる教育を受けたグループのオッズ比ϕは

$$\phi = \frac{\dfrac{0.3}{0.7}}{\dfrac{0.1}{0.9}} = 3.857$$

となり、これはAによる教育はBによる教育に比べて不満を持たせるリスクが3.857倍に上がることを意味している。

　オッズ比が1であるということは、比較すべき2つの比率に違いがないことを意味している。この指標が便利なのは、不満がある人の中でAによる教育を受けた人の比率を$\hat{\pi}_1$とし、不満がない人の中でAによる教育を受けた人の比率を$\hat{\pi}_2$として、オッズ比を計算しても3.857となる点である。

　オッズ比ϕはつぎのような公式で簡単に求めることができる。

	不満あり	不満なし	合計
A	a	b	$n_1 = a+b$
B	c	d	$n_2 = c+d$
合計	$m_1 = a+c$	$m_2 = b+d$	$n = a+b+c+d$

a、b、c、dは人数を表す。

$$\phi = \frac{ad}{bc}$$

■ 検定の実際

　ある政策について、賛成か反対かのアンケートを 20 代の男性と女性を対象に行った。男性から 50 人、女性から 60 人を選んで聞き取りを行ったところ、男性は、50 人中 18 人が賛成であり、女性は 60 人中 11 人が賛成であった。男性の賛成率と、女性の賛成率には差があるといえるだろうか。

■ 検定の仮説

この例題で検定しようとしている仮説は、次のように表される。

$$帰無仮説 H_0 \quad : \quad \pi_A = \pi_B$$

$$対立仮説 H_1 \quad : \quad \pi_A \neq \pi_B$$

ここに、π_A はグループ A の、π_B はグループ B の母比率を表す。

■ 検定統計量 u 値の計算

　　$\hat{\pi}_A$ はグループ A の、$\hat{\pi}_B$ はグループ B の標本の比率を、

　　n_A はグループ A の、n_B はグループ B の標本の大きさ（サンプルサイズ）、

　　r_A はグループ A の、r_B はグループ B の標本中の発生数を表すものとする。

$$u = \frac{\hat{\pi}_A - \hat{\pi}_B}{\sqrt{\bar{\pi}(1-\bar{\pi})(\frac{1}{n_A} + \frac{1}{n_B})}}$$

ここに、

$$\bar{\pi} = \frac{r_A + r_B}{n_A + n_B}$$

■ 有意確率（p値）の計算

有意水準（0.05）と比較する有意確率 p 値を計算する。両側の有意確率は、平均 0、標準偏差 1 の正規分布において、$|u|$ 以上の値となる確率であり、片側の有意確率はその $\dfrac{1}{2}$ である。

■ 判定

① 対立仮説 H_1 が $\pi_A \neq \pi_B$ の場合

$$有意確率（両側）\leqq 有意水準\,\alpha \quad \rightarrow \quad 帰無仮説\,H_0\,を棄却する$$
$$有意確率（両側）> 有意水準\,\alpha \quad \rightarrow \quad 帰無仮説\,H_0\,を棄却しない$$

② 対立仮説 H_1 が $\pi_A > \pi_B$（または $\pi_A < \pi_B$）の場合

$$有意確率（片側）\leqq 有意水準\,\alpha \quad \rightarrow \quad 帰無仮説\,H_0\,を棄却する$$
$$有意確率（片側）> 有意水準\,\alpha \quad \rightarrow \quad 帰無仮説\,H_0\,を棄却しない$$

■ Excel による解法

手順 1　データの入力

C2 から D3 に各グループのサンプルサイズと出現数を入力する。

	A	B	C	D
1	サンプルサイズ	n	100	
2	出現数	m	7	
3				

C4 から D5、C6 から C15 に計算式を入力する。

	A	B	C	D	E
1			A	B	
2	サンプルサイズ	n	50	60	
3	出現数	m	18	11	
4	非出現数	$n-m$	32	49	
5	比率	$\hat{\pi}$	0.36	0.183333	
6	平均比率		0.26364		
7	比率の差	$\hat{\pi}_A - \hat{\pi}_B$	0.17667		
8	有意水準	α	0.05		
9	検定統計量	u 値	2.09397		
10	棄却値(両側)	$u(\alpha/2)$	1.95996		
11	棄却値(片側);上	$u(\alpha)$	1.64485		
12	棄却値(片側);下	$-u(\alpha)$	-1.64485		
13	有意確率(両側)	p 値	0.03626		
14	有意確率(片側);上	p 値	0.01813		
15	有意確率(片側);下	p 値	0.98187		
16					

	A	B	C	D	E	F
1			A	B		
2	サンプルサイズ	n	50	60		
3	出現数	m	18	11		
4	非出現数	$n-m$	=C2-C3	=D2-D3		
5	比率	$\hat{\pi}$	=C3/C2	=D3/D2		
6	平均比率		=(C3+D3)/(C2+D2)			
7	比率の差	$\hat{\pi}_A - \hat{\pi}_B$	=C5-D5			
8	有意水準	α	0.05			
9	検定統計量	u 値	=(C5-D5)/SQRT(C6*(1-C6)*(1/C2+1/D2))			
10	棄却値(両側)	$u(\alpha/2)$	=NORMSINV(1-C8/2)			
11	棄却値(片側);上	$u(\alpha)$	=NORMSINV(1-C8)			
12	棄却値(片側);下	$-u(\alpha)$	=NORMSINV(C8)			
13	有意確率(両側)	p 値	=(1-NORMSDIST(ABS(C9)))*2			
14	有意確率(片側);上	p 値	=1-NORMSDIST(C9)			
15	有意確率(片側);下	p 値	=NORMSDIST(C9)			

［セルの内容］

C4 ; =C2－C3   D4 ; =D2－D3

C5 ; =C3/C2   D5 ; =D3/D2

C6 ; =(C3+D3)/(C2+D2)

C7 ; =C5－D5

C8 ; 0.05

C9 ; =(C5－D5)/SQRT(C6＊(1-C6)＊(1/C2+1/D2))

C10 ; =NORMSINV(1－C8/2)

C11 ; =NORMSINV(1－C8)

C12 ; －NORMSINV(C8)

C13 ; =(1－NORMSDIST(ABS(C9)))＊2

C14 ; =1－NORMSDIST(C9)

C15 ; =NORMSDIST(C9)

■結果の見方

$$有意確率（両側）＝0.03626＜有意水準 \alpha＝0.05$$

なので、帰無仮説 H_0 は棄却される。すなわち、男性と女性の賛成率には差があるといえる。

2-4 ● 比率の差に関する推定

> 先の例題において、男性の賛成率と女性の賛成率の差を推定せよ。

■ 区間推定の計算

2 つの母比率の差 $\pi_A - \pi_B$ の、信頼率（$1-\alpha$）$\times 100\%$ の信頼区間は、つぎのように求める。

$$\left(\hat{\pi}_A - \hat{\pi}_B\right) - u\left(\frac{\alpha}{2}\right)\sqrt{\frac{\hat{\pi}_A\left(1-\hat{\pi}_A\right)}{n_A} + \frac{\hat{\pi}_B\left(1-\hat{\pi}_B\right)}{n_B}} \leqq \pi_A - \pi_B \leqq \left(\hat{\pi}_A - \hat{\pi}_B\right) + u\left(\frac{\alpha}{2}\right)\sqrt{\frac{\hat{\pi}_A\left(1-\hat{\pi}_A\right)}{n_A} + \frac{\hat{\pi}_B\left(1-\hat{\pi}_B\right)}{n_B}}$$

■ Excel による解法

検定のシートに追加して入力する。

C16 に信頼率を入力する。

C17 に信頼上限、C18 に信頼下限を計算する式を入力する。

	A	B	C	D	E
3	出現数	m	18	11	
4	非出現数	$n-m$	32	49	
5	比率	$\hat{\pi}$	0.36	0.183333	
6	平均比率		0.26364		
7	比率の差	$\hat{\pi}_A - \hat{\pi}_B$	0.17667		
8	有意水準	α	0.05		
9	検定統計量	u値	2.09397		
10	棄却値(両側)	$u(\alpha/2)$	1.95996		
11	棄却値(片側);上	$u(\alpha)$	1.64485		
12	棄却値(片側);下	$-u(\alpha)$	-1.64485		
13	有意確率(両側)	p値	0.03626		
14	有意確率(片側);上	p値	0.01813		
15	有意確率(片側);下	p値	0.98187		
16	信頼率		0.95		
17	信頼上限		0.34186		
18	信頼下限		0.01148		
19					

	A	B	C
16	信頼率		0.95
17	信頼上限		=C7+ABS(NORMSINV((1-C16)/2))*SQRT(C5*(1-C5)/C2+D5*(1-D5)/D2)
18	信頼下限		=C7-ABS(NORMSINV((1-C16)/2))*SQRT(C5*(1-C5)/C2+D5*(1-D5)/D2)

［セルの内容］

C16；0.95

C17；=C7＋ABS(NORMSINV((1－C16)/2))＊SQRT(C5＊(1－C5)/C2+D5＊(1－D5)/D2)

C18；=C7－ABS(NORMSINV((1－C16)/2))＊SQRT(C5＊(1－C5)/C2+D5＊(1－D5)/D2)

■ 結果の見方

男性と女性の賛成率の差の95%信頼区間は次のようになる。

$$0.01148 \leqq \pi_A - \pi_B \leqq 0.34186$$

2-5 ● 符号検定

（質問）あなたはノートパソコンを持っていますか？

    A. 持っている   B. 持っていない

という質問を大学生 200 人にしたところ、つぎのような結果が得られた。

	持っている	持っていない
人数	110	90
比率	0.55	0.45

持っている人と持っていない人の比率に違いがあるといえるだろうか。

■ グラフ化

（1）棒グラフ

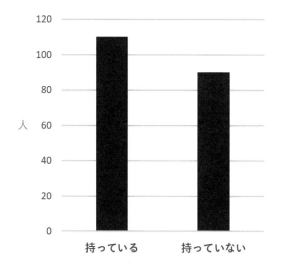

（2）円グラフ

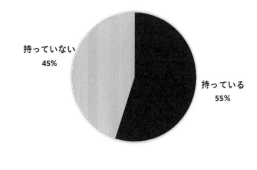

■ 符号検定の活用

この例題の仮説は、つぎのように表現できる。

$$帰無仮説 \mathrm{H}_0 \quad : \quad \pi_A = \pi_B$$

$$対立仮説 \mathrm{H}_1 \quad : \quad \pi_A \neq \pi_B$$

ここで、π_A は持っている人、π_B は持っていない人の母比率を表す。

ところで、

$$\pi_A + \pi_B = 1$$

であるから、上記の仮説はつぎのように書き換えることができる。

$$帰無仮説 \mathrm{H}_0 \quad : \quad \pi_A = 0.5$$

$$対立仮説 \mathrm{H}_1 \quad : \quad \pi_A \neq 0.5$$

この形式で表現される仮説は符号検定と呼ばれる方法を用いるとよい。

■ Excel による解法

	A	B	C	D
1	サンプルサイズ	n	200	
2	出現数	m	110	
3	非出現数	$n-m$	90	
4	比率	$\hat{\pi}$	0.55	
5	仮説の値	π_0	0.5	
6	有意水準	α	0.05	
7	発生確率	$\Pr(x>m)$	0.06868	
8	発生確率	$\Pr(x=m)$	0.02080	
9	発生確率	$\Pr(x<m)$	0.91052	
10				
11	有意確率(両側)	p値	0.17896	
12	有意確率(片側):上	p値	0.08948	
13	有意確率(片側):下	p値	0.93132	
14				

◢	A	B	C
1	サンプルサイズ	n	200
2	出現数	m	110
3	非出現数	$n-m$	=C1-C2
4	比率	$\hat{\pi}$	=C2/C1
5	仮説の値	π_0	0.5
6	有意水準	α	0.05
7	発生確率	$\Pr(x>m)$	=1-BINOMDIST(C2,C1,C5,1)
8	発生確率	$\Pr(x=m)$	=BINOMDIST(C2,C1,C5,0)
9	発生確率	$\Pr(x<m)$	=BINOMDIST(C2-1,C1,C5,1)
10			
11	有意確率（両側）	p値	=IF(C7<C9,(C7+C8)*2,(C9+C8)*2)
12	有意確率（片側）：上	p値	=C7+C8
13	有意確率（片側）：下	p値	=C8+C9

［セルの内容］

C3；=C1－C2

C4；=C2/C1

C5；0.5

C6；0.05

C7；=1－BINOMDIST(C2,C1,C5,1)

C8；=BINOMDIST(C2,C1,C5,0)

C9；=BINOMDIST(C2-1,C1,C5,1)

C11；=IF(C7＜C9,(C7+C8)＊2,(C9+C8)＊2)

C12；=C7+C8

C13；=C8+C9

■ 結果の見方

$$有意確率（両側）=0.17896>有意水準\,\alpha=0.05$$

であるから、帰無仮説 H。は棄却されない。すなわち、ノートパソコンを持っている人と持っていない人の比率に差があるとはいえない。

2-6 ● 特殊なケース

例題 4-8

（質問）あなたは商品 A、B、C、D の中でどれが好きですか？

という質問を大学生 200 人にしたところ、つぎのような結果が得られた。

	A	B	C	D	計
人数	75	55	39	31	200
比率	0.375	0.275	0.195	0.155	1

A を好む人と B を好む人の比率に違いがあるといえるだろうか。

■ 検定統計量 u 値の計算

$$u = \frac{\hat{\pi}_A - \hat{\pi}_B}{\sqrt{\dfrac{\hat{\pi}_A + \hat{\pi}_B}{n}}}$$

ここに、n は全体の回答数、$\hat{\pi}_A$ は選択肢 A を選択した人の比率、$\hat{\pi}_B$ は選択肢 B を選択した人の比率を表す。

なお、選択肢 A の回答数を r_A、選択肢 B の回答数を r_B とすると、

$$\hat{\pi}_A = \frac{r_A}{n} \quad , \quad \hat{\pi}_B = \frac{r_B}{n}$$

両側の有意確率は平均 0、標準偏差 1 の正規分布において、$|u|$ 以上の値となる確率であり、片側の有意確率はその $\dfrac{1}{2}$ となる。

■ Excel による解法

手順 ① データの入力

	A	B	C	D	E	F
1			A	B	n	
2	出現数	m	75	55	200	
3						

［セルの内容］

C2；75

D2；55

E2；200

手順 ② 有意確率の計算

セル C3 から C12 および D3 に計算式を入力する。

	A	B	C	D	E	F
1			A	B	n	
2	出現数	m	75	55	200	
3	比率	$\hat{\pi}$	0.375	0.275		
4	比率の差	$\hat{\pi}_A - \hat{\pi}_B$	0.1			
5	有意水準	α	0.05			
6	検定統計量	u値	1.75412			
7	棄却値（両側）	$u(\alpha/2)$	1.95996			
8	棄却値（片側）；上	$u(\alpha)$	1.64485			
9	棄却値（片側）；下	$-u(\alpha)$	-1.6449			
10	有意確率（両側）	p値	0.07941			
11	有意確率（片側）；上	p値	0.03971			
12	有意確率（片側）；下	p値	0.96029			
13						

	A	B	C	D	E	F
1			A	B	n	
2	出現数	m	75	55	200	
3	比率	$\hat{\pi}$	=C2/E2	=D2/E2		
4	比率の差	$\hat{\pi}_A-\hat{\pi}_B$	=C3-D3			
5	有意水準	α	0.05			
6	検定統計量	u値	=C4/SQRT((C3+D3)/E2)			
7	棄却値(両側)	$u(\alpha/2)$	=NORMSINV(1-C5/2)			
8	棄却値(片側);上	$u(\alpha)$	=NORMSINV(1-C5)			
9	棄却値(片側);下	$-u(\alpha)$	=NORMSINV(C5)			
10	有意確率(両側)	p値	=(1-NORMSDIST(ABS(C6)))*2			
11	有意確率(片側);上	p値	=1-NORMSDIST(C6)			
12	有意確率(片側);下	p値	=NORMSDIST(C6)			

［セルの内容］

C3；=C2/E2　　　D3；=D2/E2

C4；=C3−D3

C5；0.05

C6；=C4/SQRT((C3+D3)/E2)

C7；=NORMSINV(1−C5/2)

C8；=NORMSINV(1−C5)

C9；=NORMSINV(C5)

C10；=(1−NORMSDIST(ABS(C6)))＊2

C11；=1−NORMSDIST(C6)

C12；=NORMSDIST(C6)

■ 結果の見方

$$有意確率（両側）=0.07941＞有意水準\alpha=0.05$$

であるから、帰無仮説 H_0 は棄却されない。すなわち、A を好む人と B を好む人の比率に差があるとはいえない。

（質問）あなたはノートパソコンを持っていますか?

　　A．持っている　　　B．持っていない

という質問を大学生 200 人にした。また、この中には 1 年生が 50 人いた。

　A（持っている）と答えた人は 200 人中 110 人で、そのうち 1 年生で A と答えた人は 20 人であった。

	全体	大学 1 年生
回答者の数	200	50
持っている人数	110	20
比率	0.55	0.4

　1 年生で持っている人の比率と全体の比率に違いがあるといえるだろうか。

■ 検定統計量 u 値の計算

　大学生全体で A と答えた人の比率 $\hat{\pi}$ と大学 1 年生で A と答えた人の比率 1 を比較するのであるから、2 つの比率の差を検定する問題になる。ただし、この例題は大学 1 年生は大学生全体の一部分になっていることに注意しなければいけない。

$$u = \frac{\hat{\pi} - \hat{\pi}_1}{\sqrt{\hat{\pi}(1 - \hat{\pi})\dfrac{n - m}{n \times m}}}$$

ここに、n は全体の回答数、m は一部の人の回答数、$\hat{\pi}$ は選択肢 A を選択した全体の比率、$\hat{\pi}_1$ は選択肢 A を選択した一部の人の比率を表す。

なお、選択肢 A の回答数を r、一部の回答数を r_1 とすると、

$$\hat{\pi} = \frac{r}{n} \quad , \quad \hat{\pi}_1 = \frac{r_1}{m}$$

両側の有意確率は平均 0、標準偏差 1 の正規分布において、$|u|$ 以上の値となる確率であり、片側の有意確率はその $\frac{1}{2}$ である。

■ Excel による解法

手順① データの入力

	A	B	C	D	E
1			全体	一部	
2	サンプルサイズ	n	200	50	
3	出現数	m	110	20	
4					

［セルの内容］

C2 ; 200　　　C3 ; 110　　　D2 ; 50　　　D3 ; 20

セル C4 から C13 および D4 に計算式を入力する。

	A	B	C	D	E
1			全体	一部	
2	サンプルサイズ	n	200	50	
3	出現数	m	110	20	
4	比率	$\hat{\pi}$	0.55	0.4	
5	比率の差	$\hat{\pi}-\hat{\pi}_1$	0.15		
6	有意水準	α	0.05		
7	検定統計量	u値	2.46183		
8	棄却値(両側)	$u(\alpha/2)$	1.95996		
9	棄却値(片側);上	$u(\alpha)$	1.64485		
10	棄却値(片側);下	$-u(\alpha)$	-1.64485		
11	有意確率(両側)	p値	0.01382		
12	有意確率(片側);上	p値	0.00691		
13	有意確率(片側);下	p値	0.99309		
14					

	A	B	C	D	E	F
1			全体	一部		
2	サンプルサイズ	n	200	50		
3	出現数	m	110	20		
4	比率	$\hat{\pi}$	=C3/C2	=D3/D2		
5	比率の差	$\hat{\pi}-\hat{\pi}_1$	=C4-D4			
6	有意水準	α	0.05			
7	検定統計量	u値	=C5/SQRT(C4*(1-C4)*(C2-D2)/(C2*D2))			
8	棄却値(両側)	$u(\alpha/2)$	=NORMSINV(1-C6/2)			
9	棄却値(片側);上	$u(\alpha)$	=NORMSINV(1-C6)			
10	棄却値(片側);下	$-u(\alpha)$	=NORMSINV(C6)			
11	有意確率(両側)	p値	=(1-NORMSDIST(ABS(C7)))*2			
12	有意確率(片側);上	p値	=1-NORMSDIST(C7)			
13	有意確率(片側);下	p値	=NORMSDIST(C7)			

［セルの内容］

C4；=C3/C2   D4；=D3/D2   C5；=C4−D4   C6；0.05

C7；=C5/SQRT(C4＊(1−C4)＊(C2−D2)/(C2＊D2))

C8；=NORMSINV(1−C6/2)

C9；=NORMSINV(1−C6)

C10；=NORMSINV(C6)

C11；=(1−NORMSDIST(ABS(C7)))＊2

C12；=1−NORMSDIST(C7)

C13；=NORMSDIST(C7)

■ 結果の見方

有意確率（両側）＝0.01382＜有意水準 α ＝0.05

であるから、帰無仮説 H_0 は棄却される。すなわち、ノートパソコンを持っている人の比率は大学1年生と大学生全体では差があるといえる。

2-7 ● 適合度の検定

ある大学の学生を対象にアンケートを計画した。学年ごとの人数は表1の通りである。

表1

1年	2年	3年	4年	合計
3500	3000	2000	1500	10000

アンケートを実施して、回答結果を集計したところ、学年ごとの回答者数は表2のようになった。

表2

1年	2年	3年	4年	合計
77	59	42	22	200

回答者は調査対象（母集団）を代表しているといえるだろうか。

■ 考え方

この大学の1年生の構成比率は、

$$\frac{3500}{10000} = 0.35$$

と求められる。同様にして、学年ごとの構成比率を計算すると、つぎのようになる。

1年	2年	3年	4年
0.35	0.3	0.2	0.15

したがって、回答者が母集団を代表しているのであれば、200人を学年ごとに分けた場合も同じ構成比率になり、つぎのような人数になるはずである。

1年	2年	3年	4年
70	60	40	30

　この人数は元の構成比率から計算されたもので**期待度数**と呼ばれる。実際に得られた人数は表2であり、これは**実測度数**と呼ばれる。そこで、実測度数と期待度数の差が小さければ母集団を代表していると考え、差が大きければ代表していないと考えることにする。実測度数が期待度数に近いかどうかを判定するための方法として**適合度の検定**がある。

■　グラフ化

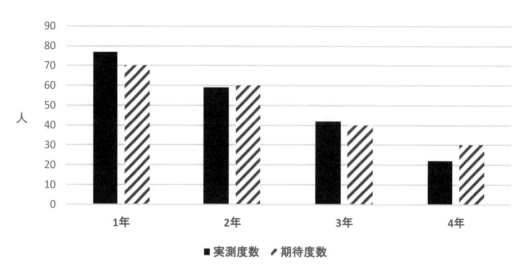

■　検定の仮説

　　　　　帰無仮説 H_0：実測度数は期待度数と一致している
　　　　　対立仮説 H_1：実測度数は期待度数と一致していない

■ 検定統計量 χ^2 値の計算

全体が g 個のグループに分けられているとし、各グループの実測度数を f_i 、期待度数を t_i とする。

$$\chi^2 = \sum_{i=1}^{g} \frac{(t_i - f_i)^2}{t_i}$$

■ 有意確率の計算

有意水準と比較する有意確率を計算する。有意確率は自由度 $\phi = g-1$ の χ^2 分布において、χ^2 値以上の値となる確率である。

■ Excel による解法

手順 ① データの入力

	A	B	C	D	E
1	学年	人数		実測度数	
2	1年	3500		77	
3	2年	3000		59	
4	3年	2000		42	
5	4年	1500		22	

［セルの内容］

B2 ; 3500　　　D2 ; 77

B3 ; 3000　　　D3 ; 59

B4 ; 2000　　　D4 ; 42

B5 ; 1500　　　D5 ; 22

	A	B	C	D	E	F	G
1	学年	人数	構成比	実測度数	期待度数	(実-期)²/期	
2	1年	3500	0.35	77	70	0.700	
3	2年	3000	0.30	59	60	0.017	
4	3年	2000	0.20	42	40	0.100	
5	4年	1500	0.15	22	30	2.133	
6	合計	10000	1.000	200	200		
7							
8					χ^2値	2.950	
9					自由度	3	
10					p値	0.3994	
11							

	A	B	C	D	E	F
1	学年	人数	構成比	実測度数	期待度数	(実-期)²/期
2	1年	3500	=B2/$B$6	77	=C2*$D$6	=(D2-E2)^2/E2
3	2年	3000	=B3/$B$6	59	=C3*$D$6	=(D3-E3)^2/E3
4	3年	2000	=B4/$B$6	42	=C4*$D$6	=(D4-E4)^2/E4
5	4年	1500	=B5/$B$6	22	=C5*$D$6	=(D5-E5)^2/E5
6	合計	10000	=SUM(C2:C5)	=SUM(D2:D5)	=SUM(E2:E5)	
7						
8					χ^2値	=SUM(F2:F5)
9					自由度	=COUNT(D2:D5)-1
10					p値	=CHIDIST(F8,F9)

［セルの内容］

B6 ; =SUM(B2:B5)

C2 ; =B2/$B$6　　　　（C2 を C3 から C5 までコピー）

C6 ; =SUM(C2:C5)

D6 ; =SUM(D2:D5)

E2 ; =C2＊$D$6　　　（E2 を E3 から E5 までコピー）

E6 ; =SUM(E2:E5)

F2 ; =(D2－E2)^2/E2　　（F2 を F3 から F5 までコピー）

F8 ; =SUM(F2:F5)

F9 ; =COUNT(D2:D5)－1

F10 ; =CHIDIST(F8,F9)

■ 結果の見方

$$有意確率＝0.3994＞有意水準 \alpha ＝0.05$$

であるから、帰無仮説 H_0 は棄却されない。すなわち、回答者の集団は母集団比率を代表していないとはいえない。

■ 関数 CHIDIST

関数 CHIDIST は、χ^2 分布において、ある値以上の確率（上片側確率）を求めるための関数である。

$$（入力書式）＝ CHIDIST （ある値, 自由度）$$

＜例＞　CHIDIST(3.94,1) = 0.04715

3-1 ● 2×2 分割表の検定

例題 4-11

ある企業が主婦向けに開発した商品Wの認知率を調査するために、東京都内に住む主婦を対象に、商品Wの存在を知っているか否かを問う調査を行った。

子供がいる主婦（Aグループ）と子供がいない主婦（Bグループ）とでは認知率に差があるかどうかを見るために、各グループから500人ずつ無作為に選び出し、アンケートを実施した。その結果を整理したのが、つぎの2×2分割表である。AグループとBグループの認知率（知っている比率）に差があるか検定せよ。

	A	B	合計
知らない	457	446	903
知っている	43	54	97
合計	500	500	1000

■ 考え方

2×2 分割表の検定方法には、**χ^2 検定**と**フィッシャーの直接確率検定**（Fisher's exact test）がある。

2×2 分割表の一般の形は、つぎのように表現できる。

質問2

		C	D	合計
質問1	A	a	b	n_1
	B	c	d	n_2
	合計	m_1	m_2	N

■ グラフ化

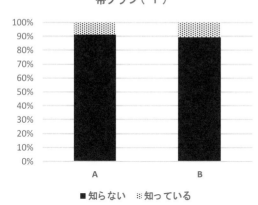

帯グラフ（１）

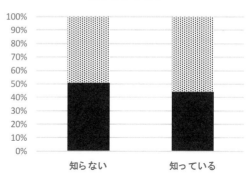

帯グラフ（２）

■ 検定の仮説

この例題で検定しようとしている仮説は次のように表される。

　　　　帰無仮説 H_0：A グループと B グループの母比率（母認知率）は同じである。

　　　　対立仮説 H_1：A グループと B グループの母比率（母認知率）は違いがある。

これは次のように表現することもできる。

帰無仮説 H_0：子供の有無と商品の認知は独立である（無関係である）。

対立仮説 H_1：子供産むと商品の認知は独立でない　　（関係がある）。

■ 検定統計量 χ^2 値の計算

必要となる χ^2 値はは次のように計算される。

$$\chi^2 = \frac{(ad-bc)^2 \times N}{n_1 \times n_2 \times m_1 \times m_2}$$

一般には、近似精度を上げるために、補正項をつけた次の式がよく利用される。

$$\chi^2 = \frac{\left(|ad-bc| - \dfrac{N}{2}\right)^2 \times N}{n_1 \times n_2 \times m_1 \times m_2}$$

$-\dfrac{N}{2}$ をイェーツ（Yates）の補正と呼んでいる。

■ Excel による解法

手順 ①　データの入力

B3、B4、C3、C4 にデータ（集計結果）を入力する。

	A	B	C	D
1	2×2分割表			
2		A	B	
3	知らない	457	446	
4	知っている	43	54	
5				

各列の合計を B5 と C5 に、各行の合計を D3 と D4 に、全体の合計を D5 に算出させる。

	A	B	C	D	E
1	2×2分割表				
2		A	B	計	
3	知らない	457	446	903	
4	知っている	43	54	97	
5	計	500	500	1000	
6					

	A	B	C	D	E
1	2×2分割表				
2		A	B	計	
3	知らない	457	446	=B3+C3	
4	知っている	43	54	=B4+C4	
5	計	=B3+B4	=C3+C4	=SUM(B3:C4)	
6					

［セルの内容］

B5 ; =B3+B4   C5 ; =C3+C4

D3 ; =B3+C3   D4 ; =B4+C4

D5 ; =SUM(B3:C4)

G7 から G13 に有意確率を算出するための数式と統計関数を入力する。

	A	B	C	D	E	F	G	H
1	2×2分割表							
2		A	B	計				
3	知らない	457	446	903				
4	知っている	43	54	97				
5	計	500	500	1000				
6								
7					有意水準	α	0.05	
8					自由度	φ	1	
9					検定統計量	χ^2値	1.3814	
10					イェーツの修正後	χ^2値	1.1417	
11					棄却値	$\chi^2(\varphi,\ \alpha)$	3.8415	
12					有意確率	p値	0.2399	
13					イェーツの修正後	p値	0.2853	
14								

	E	F	G
7	有意水準	α	0.05
8	自由度	φ	1
9	検定統計量	χ^2値	=D5*(B3*C4-C3*B4)^2/((B3+C3)*(B4+C4)*(B3+B4)*(C3+C4))
10	イェーツの修正後	χ^2値	=D5*(ABS(B3*C4-C3*B4)-D5/2)^2/((B3+C3)*(B4+C4)*(B3+B4)*(C3+C4))
11	棄却値	$\chi^2(\varphi,\ \alpha)$	=CHIINV(G7,G8)
12	有意確率	p値	=CHIDIST(G9,G8)
13	イェーツの修正後	p値	=CHIDIST(G10,G8)
14			

［セルの内容］

G7 ; 0.05

G8 ; 1

G9 ; =D5＊(B3＊C4－C3＊B4)^2/((B3+C3)＊(B4+C4)＊(B3+B4)＊(C3+C4))

G10 ; =D5＊(ABS(B3＊C4−C3＊B4)−D5/2)^2/((B3+C3)＊(B4+C4)＊(B3+B4)＊(C3+C4))

G11 ; =CHIINV(G7,G8)

G12 ; =CHIDIST(G9,G8)

G13 ; =CHIDIST(G10,G8)

■ 結果の見方

$$有意確率（p値）＝ 0.2853 ＞ 有意水準 \alpha ＝0.05$$

なので、帰無仮説 H_0 は棄却されない。すなわち、A グループと B グループの母認知率に差が
あるとはいえない。

（参考）　Fisher の直接確率法

次のような2×2分割表が得られたとしよう。

	男	女
飼っている	2	8
飼っていない	78	82

男性と女性ではペットを飼っている人の比率に違いがあるといえるだろうか。

これは先の例題と全く同じタイプの問題であるが、そこで紹介した χ_2 検定は、セル（分割表の 1 つのマス）の中に度数が少ないものがあるときには使えない。本例題のように 5 未満の度数があるときには Fisher（フィッシャー）の直接確率法を行うほうがよい。ただし、実際には実測度数だけではなく、期待度数も問題になるので、この検定はつぎのような状況で使うとよいだろう。

① 期待度数で5未満のセルがある。
② 実測度数で5未満のセルがある。

直接確率検定の計算法は、行の合計と列の合計を固定しておいて、現在得られている度数よりさらに偏った度数の組合せを考え、それぞれの起こる確率をすべて計算する方法である。

いま、この分割表を表1としよう。

表1

	男	女
飼っている	2	8
飼っていない	78	82

表1よりさらに偏った結果は、つぎの表2と表3である。

表2

	男	女
飼っている	1	9
飼っていない	79	81

表3

	男	女
飼っている	0	10
飼っていない	80	80

　表1から表3までのそれぞれについて確率を計算し、その確率を合計する。これが有意確率（片側）となる。確率の計算方法は次のような分割表があるものとして説明しよう。

	列1	列2	合計
行1	a	b	n_1
行2	c	d	n_2
合計	m_1	m_2	n

　表の中のa、b、c、dは度数を表すものとし、aが最も小さな値であるとする。

$$有意確率 = \frac{n_1!\, n_2!\, m_1!\, m_2!}{n!} \sum_{i=0}^{a} \frac{1}{i!\,(n_1-i)!\,(m_1-i)!\,(d-a+i)!}$$

　この例題では、

$$有意確率 = \frac{10!\,160!\,80!\,90!}{170!} \sum_{i=0}^{2} \frac{1}{i!\,(10-i)!\,(80-i)!\,(82-2+i)!} = 0.0724$$

となる。

■ Excel による解法

手順 1 データの入力

B3、B4、C3、C4 にデータ（集計結果）を入力する。

	A	B	C	D	E
1	2×2分割表				
2		男	女		
3	飼っている	2	8		
4	飼っていない	78	82		
5					
6					

手順 2 合計の算出

各列の合計を B5 と C5 に、各行の合計を D3 と D4 に、全体の合計を D5 に算出させる。

	A	B	C	D	E
1	2×2分割表				
2		男	女	計	
3	飼っている	2	8	10	
4	飼っていない	78	82	160	
5	計	80	90	170	
6					

	A	B	C	D	E
1	2×2分割表				
2		男	女	計	
3	飼っている	2	8	=B3+C3	
4	飼っていない	78	82	=B4+C4	
5	計	=B3+B4	=C3+C4	=SUM(B3:C4)	
6					

［セルの内容］

B5；=B3+B4　　　C5；=C3+C4

D3；=B3+C3　　　D4；=B4+C4　　　　D5；=SUM(B3:C4)

	A	B	C	D	E
7	計算	度数	確率		
8		0	0.00135		
9		1	0.01332		
10		2	0.05774		
11		3	0.14471		
12		4	0.23214		
13		5	0.24907		
14		6	0.18101		
15		7	0.08798		
16		8	0.02737		
17		9	0.00492		
18		10	0.00039		
19					
20	有意確率（片側）	0.07241			
21	有意確率（両側）	0.10509			
22					

	A	B	C	D	E
7	計算	度数	確率		
8		0	=HYPGEOMDIST(B8,$B$5,$D$3,$D$5)		
9		1	=HYPGEOMDIST(B9,$B$5,$D$3,$D$5)		
10		2	=HYPGEOMDIST(B10,$B$5,$D$3,$D$5)		
11		3	=HYPGEOMDIST(B11,$B$5,$D$3,$D$5)		
12		4	=HYPGEOMDIST(B12,$B$5,$D$3,$D$5)		
13		5	=HYPGEOMDIST(B13,$B$5,$D$3,$D$5)		
14		6	=HYPGEOMDIST(B14,$B$5,$D$3,$D$5)		
15		7	=HYPGEOMDIST(B15,$B$5,$D$3,$D$5)		
16		8	=HYPGEOMDIST(B16,$B$5,$D$3,$D$5)		
17		9	=HYPGEOMDIST(B17,$B$5,$D$3,$D$5)		
18		10	=HYPGEOMDIST(B18,$B$5,$D$3,$D$5)		
19					
20	有意確率（片側）	=SUM(C8:C10)			
21	有意確率（両側）	=SUM(C8:C10)+SUM(C16:C18)			
22					

［セルの内容］

C8 ; =HYPGEOMDIST(B8,$B$5,$D$3,$D$5)

C8 を C9 から C18 までコピーする。

B20 ; =SUM(C8:C10)

B21 ; =SUM(C8:C10)+SUM(C16:C18)

有意確率（片側）＝0.07241

有意確率（両側）＝0.10509

となっていて、片側の有意確率を 2 倍したものが、両側の有意確率になっていない点に注意されたい。ただし、次の例のように、行あるいは列の合計が等しいときには、片側の有意確率を 2 倍すると、両側の有意確率と等しくなる。

	A	B	C	D	E
1	2×2分割表				
2		男	女	計	
3	飼っている	2	8	10	
4	飼っていない	88	82	170	
5	計	90	90	180	
6					
7	計算	度数	確率		
8		0	0.00075		
9		1	0.00833		
10		2	0.04070		
11		3	0.11506		
12		4	0.20855		
13		5	0.25321		
14		6	0.20855		
15		7	0.11506		
16		8	0.04070		
17		9	0.00833		
18		10	0.00075		
19					
20	有意確率（片側）	0.04978			
21	有意確率（両側）	0.09956			

例題 4-12

東京都内の大学に通う大学生から無作為に200人を抽出して、つぎのようなアンケートを行った。

（質問1）あなたはデスクトップパソコンを持っていますか？

　　　　A. 持っている　　　　B. 持っていない

（質問2）あなたはノートパソコンを持っていますか？

　　　　A. 持っている　　　　B. 持っていない

この回答結果をつぎのような2×2分割表に整理した。

デスクトップパソコン

		持っている	持っていない	合計
ノートパソコン	持っている	80	40	120
	持っていない	30	50	80
	合計	110	90	200

　デスクトップパソコンを持っている人の比率とノートパソコンを持っている人の比率に差があるといえるだろうか。

■ 考え方

　200人それぞれが質問1と質問2の両方に答えているので、デスクトップパソコンとノートパソコンの両方を持っている人が存在することに注意しなければいけない。このような2つの比率の差を検定する方法に McNemar（マクネマー）の検定がある。

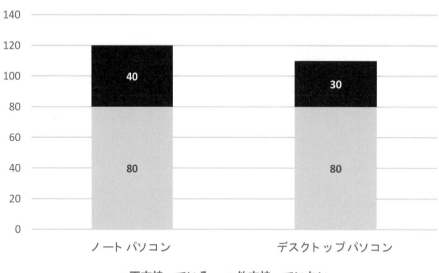

所有状況

■ 検定の仮説

McNemar デスクトップパソコンを持っている人の母比率を π_A、ノートパソコンを持っている人の母比率を π_B とすると、仮説はつぎのようになる。

$$帰無仮説\ H_0：\pi_A＝\pi_B$$
$$対立仮説\ H_1：\pi_A\neq\pi_B$$

つぎのような分割表があるものとして計算方法を説明しよう。表の中の a、b、c、d は度数を表すものとする。

		デスクトップパソコン	
		持っている	持っていない
ノートパソコン	持っている	a	b
	持っていない	c	d

このとき検定統計量 χ^2 は

$$\chi^2 = \frac{(|b-c|-1)^2}{b+c}$$

※分子の -1 はイエーツの修正

と計算される。

　この χ^2 値が帰無仮説 H_0 のもとで自由度 1 の χ^2 分布に従うことを利用して検定を行う。このタイプの分割表には、つぎのような例がある。

<例1>　時間の変化により比率が変化したかどうかを検定する。

教育後

		賛成	反対
	賛成	a	b
教育前	反対	c	d

<例2>　複数回答の選択肢間に比率の差があるかどうかを検定する。

選択肢 2

		選択	非選択
	選択	a	b
選択肢 1	非選択	c	d

<例3>　2つの検査項目における陽性率に差があるかどうかを検定する。

検査 2

		陽性	陰性
	陽性	a	b
検査 1	陰性	c	d

■ Excel による解法

手順 ① データの入力

B3、B4、C3、C4 にデータを入力する。

	A	B	C	D
1	2×2分割表			
2		A	notA	
3	B	80	40	
4	notB	30	50	
5				

手順 ② 合計と有意確率の計算

各列の合計を B5 と C5 に、各行の合計を D3 と D4 に、全体の合計を D5 に算出し、G7 から G11 に有意確率を算出するための数式と統計関数を入力する。

	A	B	C	D	E	F	G	H
1	2×2分割表							
2		A	notA	計				
3	B	80	40	120				
4	notB	30	50	80				
5	計	110	90	200				
6								
7					有意水準	α	0.05	
8					自由度	φ	1	
9					検定統計量	χ^2値	1.1571	
10					棄却値	$\chi^2(\varphi,\ \alpha)$	3.8415	
11					有意確率	p値	0.2821	
12								

	A	B	C	D	E	F	G
1	2×2分割表						
2		A	notA	計			
3	B	80	40	=B3+C3			
4	notB	30	50	=B4+C4			
5	計	=B3+B4	=C3+C4	=SUM(B3:C4)			
6							
7					有意水準	α	0.05
8					自由度	φ	1
9					検定統計量	χ^2値	=(ABS(C3-B4)-1)^2/(C3+B4)
10					棄却値	$\chi^2(\varphi,\ \alpha)$	=CHIINV(G7,G8)
11					有意確率	p値	=CHIDIST(G9,G8)

［セルの内容］

B5；=SUM(B3:B4)　　　D3；=SUM(B3:C3)

C5；=SUM(C3:C4)　　　D4；=SUM(B4:C4)

D5；=SUM(B3:C4)

G7；0.05

G8；1

G9；=(ABS(C3−B4)−1)^2/(C3+B4)

G10；=CHIINV(G7,G8)

G11；=CHIDIST(G9,G8)

■ 結果の見方

$$有意確率 = 0.2821 > 有意水準\ \alpha = 0.05$$

であるから、帰無仮説 H_0 は棄却されない。すなわち、デスクトップパソコンを持っている人の
比率とノートパソコンを持っている人の比率に差があるとはいえない。

■ 二項検定の利用

この例題は二項検定を利用しても解析することができる。

デスクトップパソコン

		持っている	持っていない	合計
ノートパソコン	持っている	80	40	120
	持っていない	30	50	80
	合計	110	90	200

デスクトップパソコンとノートパソコンのどちらか一方だけを持っている人は 70（＝40＋30）人いる。この中でデスクトップパソコンだけ持っている人に注目すると 30 人である。そこで、70 人中 30 人が持っているというデータをもとに、確率が 0.5 であるかどうかの二項検定（符号検定）を行うのである。

■ Excel による解法

	A	B	C	D
1	サンプルサイズ	n	70	
2	出現数	m	30	
3	非出現数	$n-m$	40	
4	比率	$\hat{\pi}$	0.4286	
5	仮説の値	π_0	0.5	
6	有意水準	α	0.05	
7	発生確率	$Pr(x>m)$	0.85901	
8	発生確率	$Pr(x=m)$	0.04688	
9	発生確率	$Pr(x<m)$	0.09411	
10				
11	有意確率(両側)	p値	0.28198	
12	有意確率(片側)；上	p値	0.95312	
13	有意確率(片側)；下	p値	0.14099	
14				

▲	A	B	C	D
1	サンプルサイズ	n	70	
2	出現数	m	30	
3	非出現数	$n-m$	40	
4	比率	$\hat{\pi}$	=C2/C1	
5	仮説の値	π_0	0.5	
6	有意水準	α	0.05	
7	発生確率	$Pr(x>m)$	=BINOM.DIST(C3-1,C1,C5,1)	
8	発生確率	$Pr(x=m)$	=BINOM.DIST(C2,C1,C5,0)	
9	発生確率	$Pr(x<m)$	=BINOM.DIST(C2-1,C1,C5,1)	
10				
11	有意確率(両側)	p値	=(1-C7)*2	=BINOMDIST(C2,C1,C5,1)*2
12	有意確率(片側);上	p値	=1-C8	=1-BINOMDIST(C2,C1,C5,0)
13	有意確率(片側);下	p値	=1-C7	=BINOMDIST(C2,C1,C5,1)

［セルの内容］

C1；=70

C2；=30

C3；=40

C4；=C2/C1

C5；=0.5

C6；=0.05

C7；=BINOMDIST(C3－1,C1,C5,1)

C8；=BINOMDIST(C2,C1,C5,0)

C9；=BINOMDIST(C2－1,C1,C5,1)

C11；=(1－C7)＊2 　　　また は 　　　　=BINOMDIST(C2,C1,C5,1)＊2

C12；=1－C8 　　　また は 　　　　=1－BINOMDIST(C2,C1,C5,0)

C13；=1－C7 　　　また は 　　　　=BINOMDIST(C2,C1,C5,1)

　ある学校で、趣味の調査を行った。クラスは、A、B、C、Dの4クラスあるとする。調査結果を整理したのが、つぎの4×4分割表である。各クラスの趣味の傾向は同じといえるだろうか。検定せよ。

	A	B	C	D
スポーツ	20	6	7	9
読書	6	33	14	7
音楽	9	7	29	8
映画	8	8	10	24

■ 考え方

　L 行 M 列の L×M 分割表の検定には、つぎの性質を利用する。

　i 行 j 列目の実測度数を f_{ij}、期待度数を t_{ij} とすると、

$$\sum_i \sum_j \frac{(f_{ij}-t_{ij})^2}{t_{ij}}$$

は、自由度 $(L-1)\times(M-1)$ の χ^2 分布に従う。

　ここに、i 行 j 列目の期待度数 t_{ij} は、つぎのように計算される。

　第 i 行目の合計 N_i、第 j 列目の合計 N_j、総合計 N から

$$t_{ij}=\frac{N_i \times N_j}{N}$$

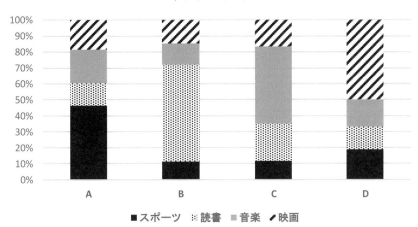

帯グラフ（1）

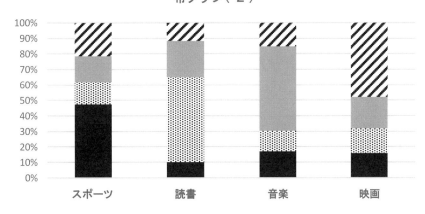

帯グラフ（2）

■ 検定の仮説

仮説はつぎのようになる。

> 帰無仮説 H_0：各クラスの趣味の傾向は同じである。
>
> 対立仮説 H_1：各クラスの趣味の傾向には違いがある。

■ Excel による解法

手順 ① データの入力

セル B2 から E5 にデータ（度数）を入力する。

	A	B	C	D	E	F
1		A	B	C	D	
2	スポーツ	20	6	7	9	
3	読書	6	33	14	7	
4	音楽	9	7	29	8	
5	映画	8	8	10	24	
6						

手順 ② データの入力

セル B6 から E6 に列の合計、F2 から F5 に行の合計、F6 に総合計を算出する。

	A	B	C	D	E	F	G
1		A	B	C	D	合計	
2	スポーツ	20	6	7	9	42	
3	読書	6	33	14	7	60	
4	音楽	9	7	29	8	53	
5	映画	8	8	10	24	50	
6	合計	43	54	60	48	205	
7							

	A	B	C	D	E	F	G
1		A	B	C	D	合計	
2	スポーツ	20	6	7	9	=SUM(B2:E2)	
3	読書	6	33	14	7	=SUM(B3:E3)	
4	音楽	9	7	29	8	=SUM(B4:E4)	
5	映画	8	8	10	24	=SUM(B5:E5)	
6	合計	=SUM(B2:B5)	=SUM(C2:C5)	=SUM(D2:D5)	=SUM(E2:E5)	=SUM(B2:E5)	
7							

［セルの内容］

B6 ; =SUM(B2:B5)　　　F2 ; =SUM(B2:E2)

C6 ; =SUM(C2:C5)　　　F3 ; =SUM(B3:E3)

D6 ; =SUM(D2:D5)　　　F4 ; =SUM(B4:E4)

E6 ; =SUM(E2:E5)　　　F5 ; =SUM(B5:E5)

　　　　　　　　　　　F6 ; =SUM(B2:E5)

手順 ③　期待値と有意確率の計算

セル B10 から E13 に期待値を算出する。

セル B17 から E20 に統計量を算出する。（検定統計量のもとになる値）

セル C22 から C25 に検定のための計算式を入力する。

	A	B	C	D	E	F
8	期待値の計算					
9		A	B	C	D	
10	スポーツ	8.8098	11.0634	12.2927	9.8341	
11	読書	12.5854	15.8049	17.5610	14.0488	
12	音楽	11.1171	13.9610	15.5122	12.4098	
13	映画	10.4878	13.1707	14.6341	11.7073	
14						
15	統計量の計算					
16		A	B	C	D	
17	スポーツ	14.2140	2.3174	2.2788	0.0708	
18	読書	3.4458	18.7077	0.7221	3.5366	
19	音楽	0.4032	3.4708	11.7276	1.5670	
20	映画	0.5901	2.0300	1.4675	12.9073	
21						
22	検定統計量	χ^2値	79.4565			
23	自由度	φ	9			
24	有意水準	α	0.05			
25	有意確率	p値	0.0000			
26						

	A	B	C	D	E	F
8	期待値の計算					
9		A	B	C	D	
10	スポーツ	=B$6*$F2/$F$6	=C$6*$F2/$F$6	=D$6*$F2/$F$6	=E$6*$F2/$F$6	
11	読書	=B$6*$F3/$F$6	=C$6*$F3/$F$6	=D$6*$F3/$F$6	=E$6*$F3/$F$6	
12	音楽	=B$6*$F4/$F$6	=C$6*$F4/$F$6	=D$6*$F4/$F$6	=E$6*$F4/$F$6	
13	映画	=B$6*$F5/$F$6	=C$6*$F5/$F$6	=D$6*$F5/$F$6	=E$6*$F5/$F$6	
14						
15	統計量の計算					
16		A	B	C	D	
17	スポーツ	=(B2-B10)^2/B10	=(C2-C10)^2/C10	=(D2-D10)^2/D10	=(E2-E10)^2/E10	
18	読書	=(B3-B11)^2/B11	=(C3-C11)^2/C11	=(D3-D11)^2/D11	=(E3-E11)^2/E11	
19	音楽	=(B4-B12)^2/B12	=(C4-C12)^2/C12	=(D4-D12)^2/D12	=(E4-E12)^2/E12	
20	映画	=(B5-B13)^2/B13	=(C5-C13)^2/C13	=(D5-D13)^2/D13	=(E5-E13)^2/E13	
21						
22	検定統計量	χ^2値	=SUM(B17:E20)			
23	自由度	φ	=(COUNT(B2:B5)-1)*(COUNT(B2:E2)-1)			
24	有意水準	α	0.05			
25	有意確率	p値	=CHIDIST(C22,C23)		=CHITEST(B2:E5,B10:E13)	
26						

［セルの内容］

B10 ; =B$6*$F2/$F$6　　　　（B10 を B10 から E13 までコピー）

B17 ; =(B2-B10)^2/B10　　　（B17 を B17 から E20 までコピー）

C22 ; =SUM(B17:E20)

C23 ; =(COUNT(B2:B5)-1)*(COUNT(B2:E2)-1)

C24 ; 0.05 （有意水準）

C25 ; =CHIDIST(C22,C23)　または　　=CHITEST(B2:E5,B10:E13)

■ 結果の見方

$$有意確率 = 0.0000 \quad < \quad 有意水準\ \alpha = 0.05$$

であるから、帰無仮説 H_0 を棄却する。すなわち、各クラスの趣味の傾向には違いがあるといえる。

■ 残差分析

　検定の結果、各クラスの趣味の傾向には違いがあるという結論が得られた。では、各クラスにはどのような特徴があるのだろうか。特徴を把握するには残差を吟味すればよい。分割表における残差とは、実測度数と期待度数の差のことである。残差の大きいところが特徴的なところである。実際には、残差そのものではなく、調整化残差を計算し、その値を吟味することになる。

　ここで、調整化残差の計算方法を述べよう。

　まず、標準化残差 e_{ij} を計算する。

$$e_{ij} = \frac{f_{ij} - t_{ij}}{\sqrt{t_{ij}}}$$

　つぎに、e_{ij} の分散 V_{ij} を計算する。

$$V_{ij} = \left(1 - \frac{n_i}{N}\right) \times \left(1 - \frac{n_j}{N}\right)$$

　そして、調整化残差 d_{ij} を計算する。

$$d_{ij} = \frac{e_{ij}}{\sqrt{V_{ij}}}$$

　調整化残差 d_{ij} は、平均 0、標準偏差 1 の正規分布に近似的に従う。この性質から、$|d_{ij}|$ が 2 以上のものは、特徴的な箇所であるとみなしてよい。

■ Excel による解法

B51 から E54 に標準化残差を計算する。

	A	B	C	D	E	F
27	標準化残差の計算					
28		A	B	C	D	
29	スポーツ	3.7701	-1.5223	1.5096	0.2660	
30	読書	-1.8563	4.3252	-0.8498	-1.8806	
31	音楽	-0.6350	-1.8630	3.4246	-1.2518	
32	映画	-0.7682	-1.4248	-1.2114	3.5927	
33						

	A	B	C	D	E
27	標準化残差の計算				
28		A	B	C	D
29	スポーツ	=(B2-B10)/SQRT(B10)	=(C2-C10)/SQRT(C10)	=(D2-D10)/SQRT(D10)	=(E2-E10)/SQRT(E10)
30	読書	=(B3-B11)/SQRT(B11)	=(C3-C11)/SQRT(C11)	=(D3-D11)/SQRT(D11)	=(E3-E11)/SQRT(E11)
31	音楽	=(B4-B12)/SQRT(B12)	=(C4-C12)/SQRT(C12)	=(D4-D12)/SQRT(D12)	=(E4-E12)/SQRT(E12)
32	映画	=(B5-B13)/SQRT(B13)	=(C5-C13)/SQRT(C13)	=(D5-D13)/SQRT(D13)	=(E5-E13)/SQRT(E13)

［セルの内容］

B29 ; =(B2－B10)/SQRT(B10)　　　（B29 を B29 から E32 までコピー）

手順 ② 調整化残差の計算

B36 から E39 に調整化残差を計算する。

	A	B	C	D	E	F
34	調整化残差の計算					
35		A	B	C	D	
36	スポーツ	4.7562	-1.9892	-2.0129	-0.3409	
37	読書	-2.4829	5.9923	-1.2014	-2.5551	
38	音楽	-0.8295	-2.5209	4.7288	-1.6612	
39	映画	-0.9938	-1.9092	-1.6565	4.7212	
40						

	A	B	C	D	E
34	調整化残差の計算				
35		A	B	C	D
36	スポーツ	=B29/SQRT((1-$F2/$F$6)*(1-B$6/$F$6))	=C29/SQRT((1-$F2/$F$6)*(1-C$6/$F$6))	=D29/SQRT((1-$F2/$F$6)*(1-D$6/$F$6))	=E29/SQRT((1-$F2/$F$6)*(1-E$6/$F$6))
37	読書	=B30/SQRT((1-$F3/$F$6)*(1-B$6/$F$6))	=C30/SQRT((1-$F3/$F$6)*(1-C$6/$F$6))	=D30/SQRT((1-$F3/$F$6)*(1-D$6/$F$6))	=E30/SQRT((1-$F3/$F$6)*(1-E$6/$F$6))
38	音楽	=B31/SQRT((1-$F4/$F$6)*(1-B$6/$F$6))	=C31/SQRT((1-$F4/$F$6)*(1-C$6/$F$6))	=D31/SQRT((1-$F4/$F$6)*(1-D$6/$F$6))	=E31/SQRT((1-$F4/$F$6)*(1-E$6/$F$6))
39	映画	=B32/SQRT((1-$F5/$F$6)*(1-B$6/$F$6))	=C32/SQRT((1-$F5/$F$6)*(1-C$6/$F$6))	=D32/SQRT((1-$F5/$F$6)*(1-D$6/$F$6))	=E32/SQRT((1-$F5/$F$6)*(1-E$6/$F$6))

［セルの内容］

B36 ; =B29/SQRT((1-$F2/$F$6)*(1-B$6/$F$6))　　　（B36 を B36 から E39 までコピー）

■ 調整化残差の吟味

d_{ij} の値から、各クラスの特徴はつぎのようになる。

・A クラスはスポーツが多く、読書が少ない。

・B クラスは読書が多く、音楽が少ない。

・C クラスは音楽が多く、スポーツが少ない。

・D クラスは映画が多く、読書が少ない。

（1） 2×M分割表

例題 4-14

あるホテルで宿泊者の中から男性と女性を100人ずつ無作為に選び、次のような質問をした。

（質問）当ホテルの総合的な満足度をお答えください。
　1. 不満
　2. やや不満
　3. どちらともいえない
　4. やや満足
　5. 満足

この回答結果を集計して、つぎの2×5分割表に整理した。

	不満	やや不満	どちらとも いえない	やや満足	満足
男	5	15	35	30	15
女	10	25	30	25	10

男性と女性では満足度に差があるといえるか検定せよ。

■ 考え方

　この例題の2×5分割表は、列に配置した選択肢（カテゴリ）の間に右の列ほど満足度が高いという順序があることに注意する必要がある。このような分割表をカテゴリに順序のある分割

表という。通常、分割表の検定には χ^2 検定が適用される。しかし、この例題のようにカテゴリに順序のある分割表の場合には、順序情報を無視してしまう χ^2 検定は有効ではない。このようなときには、**Wilcoxon の順位和検定**や**累積 χ^2 検定**、**最大 χ^2 検定**などが有効である。本書では Excel で実施可能な **Wilcoxon の順位和検定**による方法を紹介する。

■ グラフ化

このような分割表は棒グラフを比較要素（この例では男女）ごとに縦に並べるか、あるいは、帯グラフを作成するとよい。

(1)棒グラフ

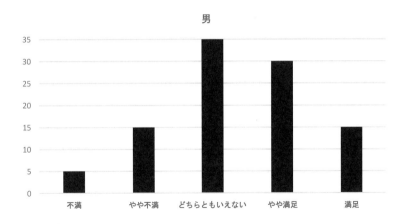

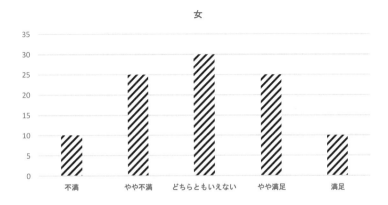

(2)帯グラフ

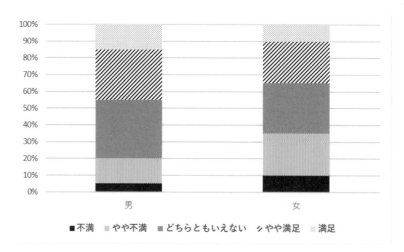

■ 不満　▥ やや不満　■ どちらともいえない　〆 やや満足　▧ 満足

■ Wilcoxonの順位和検定を利用した分割表の検定

いま、比較するグループ数を2とし、行数が2、列数がMで、各列に順序のあるカテゴリを配置した2×M分割表があるものとする。第iグループ（$i=1, 2$）の第jカテゴリ（$j=1, 2, \cdots,$ M）の度数をn_{ij}とする。また、第1グループの度数の合計をn_1、第2グループの度数の合計をn_2、全体の度数をNとする。

	列1	・	列j	・	列M
行1	n_{11}		n_{1j}		n_{1M}
行2	n_{21}		n_{2j}		n_{2M}

各カテゴリの度数の合計（すなわち列計）をT_jとすると、

$$T_j = n_{1j} + n_{2j}$$

j 番目のカテゴリの順位 r_j は、

$$r_j = T_1 + T_2 + \cdots + T_{j-1} + \frac{T_j + 1}{2}$$

グループごとの順位和 R_i $(i = 1, 2)$ は、

$$R_i = \sum_{j=1}^{M} r_j \times n_{ij}$$

同順位の数 T_j に伴う修正項 C は、

$$C = 1 - \frac{1}{N^3 - N} \sum_{j=1}^{M} (T_j^3 - T_j)$$

となる。

検定統計量 z は、n_1 と n_2 の小さいほうを n とし、その順位和 R_i を W とすると、

$$z = \frac{\left| W - \frac{1}{2} n(N+1) \right| - \frac{1}{2}}{\sqrt{\dfrac{C \times n_1 \times n_2 \times (N+1)}{12}}}$$

有意確率は z が平均 0、標準偏差 1 の標準正規分布に従うことを利用する。

■ Excel による解法

手順 ① データの入力

セル B2 から F3 にデータを入力する。

	A	B	C	D	E	F	G
1		不満	やや不満	どちらともいえない	やや満足	満足	
2	男	5	15	35	30	15	
3	女	10	25	30	25	10	
4							

手順②　有意確率の計算

有意確率を算出するための数式と統計関数を入力する

	A	B	C	D	E	F	G
1		不満	やや不満	どちらとも いえない	やや満足	満足	
2	男	5	15	35	30	15	
3	女	10	25	30	25	10	
4							
5	1行目計	100					
6	2行目計	100					
7	N	200					
8	n 1	100					
9	n 2	100					
10	列計	15	40	65	55	25	
11	累計	15	55	120	175	200	
12	平均順位	8	35.5	88	148	188	
13	順位和	40	532.5	3080	4440	2820	
14	修正項	3360	63960	274560	166320	15600	
15	C	0.9345					
16	W	10912.5					
17	E(W)	10050					
18	V(W)	156532.663					
19	検定統計量	2.1787					
20	有意確立（片側）	0.0147					
21	有意確立（両側）	0.0294					

	A	B	C	D	E	F
5	1行目計	=SUM(B2:F2)				
6	2行目計	=SUM(B3:F3)				
7	N	=B5+B6				
8	n 1	=IF(B5<B6,B5,B6)				
9	n 2	=B7-B8				
10	列計	=B2+B3	=C2+C3	=D2+D3	=E2+E3	=F2+F3
11	累計	=B10	=C10+B11	=D10+C11	=E10+D11	=F10+E11
12	平均順位	=(1+B11)/2	=(1+B11+C11)/2	=(1+C11+D11)/2	=(1+D11+E11)/2	=(1+E11+F11)/2
13	順位和	=IF($B$5<=$B$6,B2*B12,B3*B12)	=IF($B$5<=$B$6,C2*C12,C3*C12)	=IF($B$5<=$B$6,D2*D12,D3*D12)	=IF($B$5<=$B$6,E2*E12,E3*E12)	=IF($B$5<=$B$6,F2*F12,F3*F12)
14	修正項	=B10*(B10^2-1)	=C10*(C10^2-1)	=D10*(D10^2-1)	=E10*(E10^2-1)	=F10*(F10^2-1)
15	C	=1-SUM(B14:F14)/(B7^3-B7)				
16	W	=SUM(B13:F13)				
17	E(W)	=B8*(B7+1)/2				
18	V(W)	=B15*B8*B9*(B7+1)/12				
19	検定統計量	=(ABS(B16-B17)-1/2)/SQRT(B18)				
20	有意確立（片側）	=1-NORMSDIST(ABS(B19))				
21	有意確立（両側）	=B20*2				

B5 ; =SUM(B2:F2)

B6 ; =SUM(B3:F3)

B7 ; =B5+B6

B8 ; =IF(B5＜=B6,B5,B6)

B9 ; =B7－B8

B10 ; =B2+B3 （B10 を C10 から F10 までコピー）

B11 ; =B10

C11 ; =C10+B11 （C11 を D11 から F11 までコピー）

B12 ; =(1+B11)/2

C12 ; =(1+B11+C11)/2 （C12 を D12 から F12 までコピー）

B13 ; =IF(\$B\$5<=\$B\$6,B2＊B12,B3＊B12) （B13 を C13 から F13 までコピー）

B14 ; =B10＊(B10^2－1) （B14 を C14 から F14 までコピー）

B15 ; =1－SUM(B14:F14)/(B7^3-B7)

B16 ; =SUM(B13:F13)

B17 ; =B8＊(B7+1)/2

B18 ; =B15＊B8＊B9＊(B7+1)/12

B19 ; =(ABS(B16－B17)－1/2)/SQRT(B18)

B20 ; =1－NORMSDIST(ABS(B19))

B21 ; =B20＊2

■ 結果の見方

帰無仮説 H_0：男女間で満足度の差がない

対立仮説 H_1：男女間で満足度の差がある

有意確率（両側）＝0.0294＜有意水準 0.05

なので、帰無仮説 H_0 は棄却される。すなわち、男女で満足度に差があるといえる。

(2) L×M分割表

あるホテルで宿泊者の中から学生、OL、ビジネスマンを 50 人ずつ無作為に選び、つぎのような質問をした。

（質問 X）当ホテルの総合的な満足度をお答えください。

     1. 不満

     2. やや不満

     3. どちらともいえない

     4. やや満足

     5. 満足

この回答結果を集計して、つぎの 3×5 分割表に整理した。

	不満	やや不満	どちらともいえない	やや満足	満足
学生	6	11	16	6	11
OL	7	8	15	14	6
ビジネスマン	15	11	13	6	5

表中の数字は人数を表す。

学生、OL、ビジネスマンの間には満足度に差があるといえるか検定せよ。

■ 考え方

この例題の 3×5 分割表は、先の例題と同様にカテゴリに順序がある分割表で、右の列ほど満足度が高くなっているが、異なる点は満足度を比較するグループの数（行の数）が 3 になっているところである。比較するグループの数が 2 のときには、Wilcoxon の順位和検定を適用したが、この検定方法はグループの数が 3 以上になると適用することはできない。このようなときには、Kruskal-Wallis（クラスカルーウォリス）の順位和検定が適用できる。

■ グラフ化

（1）棒グラフ

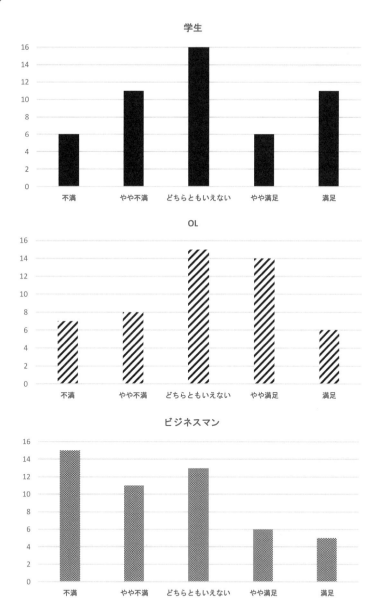

（2）帯グラフ

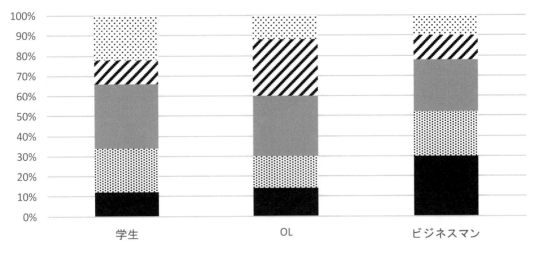

■ Kruskal-Wallisの順位和検定を利用した分割表の検定

　いま、比較するグループ数を L とし、行数が L、列数が M で、各列に順序のあるカテゴリを配置した L×M 分割表があるものとする。

　第 i グループ（$i=1, 2, \cdots, L$）の第 j カテゴリ（$j=1, 2, \cdots, M$）の度数を n_{ij} とする。また、第 i グループの度数の合計を n_i、全体の度数を N とする。

　各カテゴリの度数の合計（すなわち列計）を T_j とすると、

$$T_j = n_{1j} + n_{2j} + \cdots + n_{Lj}$$

　j 番目のカテゴリの順位 r_j は、

$$r_j = T_1 + T_2 + \cdots + T_{j-1} + \frac{T_j + 1}{2}$$

グループごとの順位和 R_i （ $i=1, 2, \cdots, L$） は、

$$R_i = \sum_{j=1}^{M} r_j \times n_{ij}$$

同順位の数 T_j に伴う修正項 C は、

$$C = 1 - \frac{1}{N^3 - N} \sum_{j=1}^{M} (T_j^3 - T_j)$$

となる。

検定統計量 H は、

$$H = \frac{6}{C} \left\{ \frac{2}{N(N+1)} \sum_{i=1}^{L} \frac{R_i^2}{n_i} - \frac{N+1}{2} \right\}$$

有意確率 p 値は H が自由度 $L-1=2$ の χ^2 分布に従うことを利用する。

■ Excel による解法

手順 ①　データの入力

セル B2 から F4 にデータを入力する。

	A	B	C	D	E	F	G
1		不満	やや不満	どちらともいえない	やや満足	満足	
2	学生	6	11	16	6	11	
3	OL	7	8	15	14	6	
4	ビジネスマン	15	11	13	6	5	
5							

有意確率を算出するための数式と統計関数を入力する。

	A	B	C	D	E	F	G
1		不満	やや不満	どちらともいえない	やや満足	満足	
2	学生	6	11	16	6	11	
3	OL	7	8	15	14	6	
4	ビジネスマン	15	11	13	6	5	
5							
6	1行目計	50					
7	2行目計	50					
8	3行目計	50					
9	N	150					
10	n1	50					
11	n2	50					
12	n3	50					
13	列計	28	30	44	26	22	
14	累計	28	58	102	128	150	
15	平均順位	14.5	43.5	80.5	115.5	139.5	
16	順位和1	87	478.5	1288	693	1534.5	
17	順位和2	101.5	348	1207.5	1617	837	
18	順位和3	217.5	478.5	1046.5	693	697.5	
19	R1	4081	R1＊R1/n	333091.22			
20	R2	4111	R2＊R2/n	338006.42			
21	R3	3133	R3＊R3/n	196313.78			
22	修正項	21924	26970	85140	17550	10626	
23	C	0.9519356					
24	検定統計量	6.8867252					
25	自由度	2					
26	有意確立	0.0320					
27							

	A	B	C	D	E	F	G
6	1行目計	=SUM(B2:F2)					
7	2行目計	=SUM(B3:F3)					
8	3行目計	=SUM(B4:F4)					
9	N	=B6+B7+B8					
10	n1	=B6					
11	n2	=B7					
12	n3	=B8					
13	列計	=B2+B3+B4	=C2+C3+C4	=D2+D3+D4	=E2+E3+E4	=F2+F3+F4	
14	累計	=B13	=C13+B14	=D13+C14	=E13+D14	=F13+E14	
15	平均順位	=(1+B14)/2	=(1+B14+C14)/2	=(1+C14+D14)/2	=(1+D14+E14)/2	=(1+E14+F14)/2	
16	順位和1	=B2*B$15	=C2*C$15	=D2*D$15	=E2*E$15	=F2*F$15	
17	順位和2	=B3*B$15	=C3*C$15	=D3*D$15	=E3*E$15	=F3*F$15	
18	順位和3	=B4*B$15	=C4*C$15	=D4*D$15	=E4*E$15	=F4*F$15	
19	R1	=SUM(B16:F16)	R1 * R1/n	=B19*B19/B10			
20	R2	=SUM(B17:F17)	R2 * R2/n	=B20*B20/B11			
21	R3	=SUM(B18:F18)	R3 * R3/n	=B21*B21/B12			
22	修正項	=B13*(B13^2-1)	=C13*(C13^2-1)	=D13*(D13^2-1)	=E13*(E13^2-1)	=F13*(F13^2-1)	
23	C	=1-SUM(B22:F22)/(B9^3-B9)					
24	検定統計量	=(6/B23)*(2*SUM(D19:D21)/(B9*(B9+1))-(B9+1)/2)					
25	自由度	=COUNT(B2:B4)-1					
26	有意確立	=CHIDIST(B24,B25)					

［セルの内容］

B6；=SUM(B2:F2)

B7；=SUM(B3:F3)

B8；=SUM(B4:F4)

B9；=B6+B7+B8

B10；=B6

B11；=B7

B12；=B8

B13；=B2+B3+B4　　　　　　(B13 を C13 から F13 までコピー)

B14；=B13

C14；=C13+B14　　　　(C14 を D14 から F14 までコピー)

B15；=(1+B14)/2

C15；=(1+B14+C14)/2　　　(C15 を D15 から F15 までコピー)

B16 ; =B2＊B$15　　　　　　　（B16 を C16 から F16 までコピー）

B17 ; =B3＊B$15　　　　　　　（B17 を C17 から F17 までコピー）

B18 ; =B4＊B$15　　　　　　　（B18 を C18 から F18 までコピー）

B19 ; =SUM(B16:F16)　　　D19 ; =B19＊B19/B10

B20 ; =SUM(B17:F17)　　　D20 ; =B20＊B20/B11

B21 ; =SUM(B18:F18)　　　D21 ; =B21＊B21/B12

B22 ; =B13＊(B13^2－1)　　　（B22 を C22 から F22 までコピー）

B23 ; =1－SUM(B22:F22)/(B9^3－B9)

B24 ; =(6/B23)＊(2＊SUM(D19:D21)/(B9＊(B9+1))－(B9+1)/2)

B25 ; =COUNT(B2:B4)－1

B26 ; =CHIDIST(B24,B25)

■ 結果の見方

帰無仮説 H_0：3 つの層に満足度の差がない

対立仮説 H_1：3 つの層に満足度の差がある

有意確率（両側）＝0.032＜有意水準 0.05

なので、帰無仮説 H_0 は棄却される。すなわち、学生、OL、ビジネスマンの間には満足度に差があるといえる。

第5章 相関分析と回帰分析

Section 1 相関分析

Section 2 回帰分析

1-1 ● 散布図と相関係数

例題 5-1

あるアンケートで年齢と年収を質問した。その回答結果を整理したのが、つぎのデータ表である。16人が回答している。

データ表

回答者	年齢	年収（万円）	回答者	年齢	年収（万円）
1	24	350	9	31	500
2	25	380	10	35	500
3	34	450	11	36	510
4	30	450	12	31	520
5	26	460	13	35	520
6	27	470	14	33	520
7	34	480	15	50	530
8	32	480	16	42	540

年齢と年収の関係を分析せよ。

■ 相関関係の把握

年齢と年収というような 2 つの数量データ（間隔尺度データ）があるとき、一方のデータの変化にともなって、もう一方のデータも変化するような関係を**相関関係**という。一方のデータを x、もう一方のデータを y としよう。x が増えると y も増えるような関係を**正の相関関係**、x が増えると y は減るような関係を**負の相関関係**、どちらの関係も見られない場合を**無相関**という。このような相関関係を把握するための分析を**相関分析**と呼ぶ。

相関分析には次の 2 つの方法を用いるのが基本である。

① **散布図**による視覚的把握

② **相関係数**による数値的把握

相関係数は r という記号で表すのが慣例である。相関係数 r は -1 から 1 の間の値をとる。r の値が正ならば正の相関関係があることを示し、1 に近いほど相関関係は強い。r の値が負ならば負の相関関係があることを示し、-1 に近いほど相関関係は強い。無相関のときには r は 0 に近い値となる。

■ Excel による解法

[1] 散布図の作成

手順① データの入力

1 列目に年齢のデータを入力する。2 列目に年収のデータを入力する。

	A	B
1	年齢	年収（万円）
2	24	350
3	25	380
4	34	450
5	30	450
6	26	460
7	27	470
8	34	480

9	32	480
10	31	500
11	35	500
12	36	510
13	31	520
14	35	520
15	33	520
16	50	530
17	42	540

メニューの［挿入］－［散布図(X,Y)またはバブルチャートの挿入］－［散布図］から散布図を作成し、視覚的に相関関係を把握する。

散布図は縦軸（Y軸）に結果系データ、横軸（X軸）に原因系データを配置するのがルールである。この例題では、縦軸を年収、横軸を年齢とする。

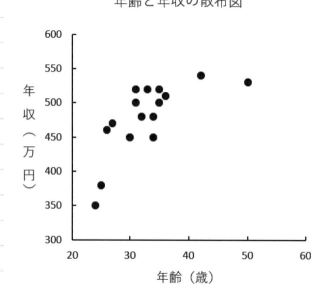

年齢と年収の散布図

散布図を視察するときのポイントはつぎの通りである。

① 外れ値（飛び離れた値）は存在するか

② グループが形成されていないか

③ 2つの数量データの間にはどのような関係があるか

（点が右上がりの傾向になっているならば、正の相関関係があることを示し、右下がりの傾向なっているならば、負の相関関係があることを示している。）

[2] 相関係数の計算

関数 CORREL を使って相関係数を計算する。

	A	B	C	D	E
1	年齢	年収（万円）		相関係数	0.718784
2	24	350			
3	25	380			
4	34	450			
5	30	450			
6	26	460			
7	27	470			
8	34	480			
9	32	480			
10	31	500			

	A	B	C	D	E
1	年齢	年収（万円）		相関係数	=CORREL(A2:A17,B2:B17)
2	24	350			
3	25	380			
4	34	450			
5	30	450			
6	26	460			
7	27	470			
8	34	480			
9	32	480			
10	31	500			

［セルの内容］

E1 ; =CORREL(A2:A17,B2:B17)

■ ラベル付き散布図

Excel 2016 から、散布図のドットに名称を付けることができるようになった。たとえば、次のように、年齢と年収の散布図に個人名表示させることができる。

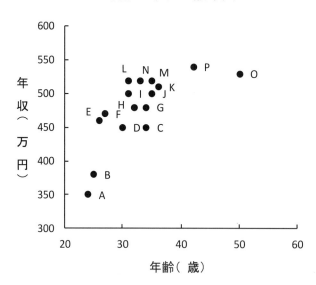

年齢と 年収の散布図

散布図にラベルを付けることにより、考察がしやすくなる。

・A さんは年齢が若く、年収が低い。

・O さんは年齢が高く、年収も高い。

散布図にラベルを表示する場合は、各データに対応するラベルのデータを入力しておく。この例では、C 列に年齢と年収に対応する名前を入力している。

散布図をクリックし、［グラフ要素］－［データラベル］の ▶ ボタン－［その他のオプション］を選択する。

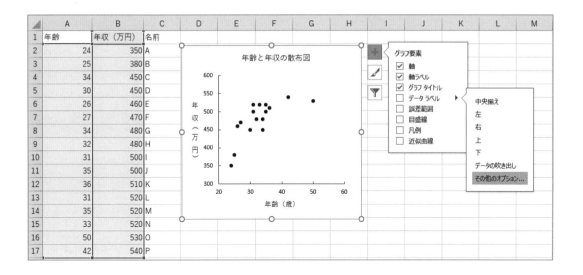

　［データラベル書式設定］－［ラベルオプション］を選択し、［セルの値］にチェックを入れる。［データラベルの範囲］ボックスが表示されるので、［データラベル範囲の選択］にラベルが入力されているセル範囲を指定（この例ではセル C2：C17 を指定）して OK ボタンをクリックすると、散布図に任意のラベルが表示される。

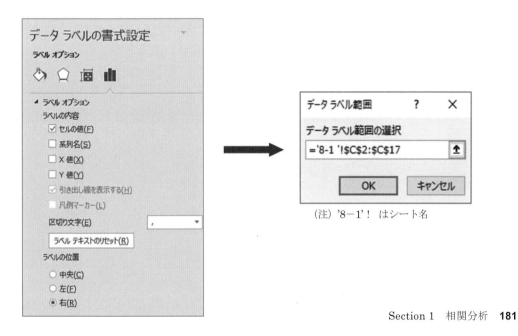

（注）'8－1'！ はシート名

■層別散布図

　層別散布図を作成するには、右側の項目（この例では年収）を層別したいグループごとに列をずらことでマーカーが色分けされる。

　たとえば、部署別（A、B）に散布図を層別するには、次のように年収を部署ごとに列をずらして入力する（B列に部署Aの人の年収、C列に部署Bの人の年収を入力する）。

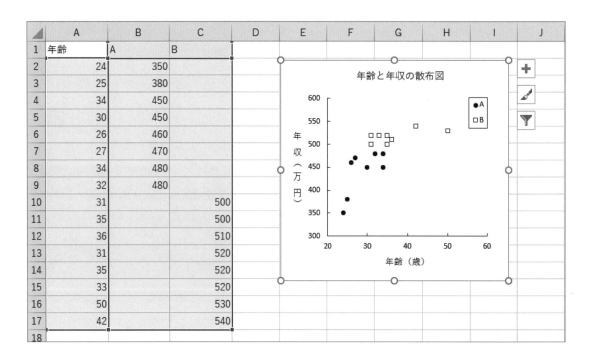

1-2 ● 複数の相関係数

　ある教育機関が講習会の満足度について、受講生 30 人を対象にアンケートを行った。
質問の内容はつぎの通りであった。

（質問 1）講習会の内容は受講目的と一致していましたか？　　　（7 段階評価）

　　　　　　　　1　　2　　3　　4　　5　　6　　7

　　　全く不一致　　　　　　中間　　　　　完全に一致

（質問 2）講習会の内容はどの程度理解できましたか？　　　　　（7 段階評価）

　　　　　　　　1　　2　　3　　4　　5　　6　　7

　　　全く理解できない　　　中間　　　完全に理解できた

（質問 3）講習会の内容は実務で役に立ちますか？　　　　　　　（7 段階評価）

　　　　　　　　1　　2　　3　　4　　5　　6　　7

　　　全く役に立たない　　　中間　　　　非常に役に立つ

（質問 4）教育施設の使い勝手はどのように感じましたか？　　　（7 段階評価）

　　　　　　　　1　　2　　3　　4　　5　　6　　7

　　　非常に使いにくい　　　中間　　　非常に使いやすい

（質問 5）講義時間の長さはどのように感じましたか？　　　　　（7 段階評価）

　　　　　　　　1　　2　　3　　4　　5　　6　　7

　　　短すぎる　　　　　　　中間　　　　　　長すぎる

（質問 6）講習会全体の満足度はどの程度ですか？　　　　　　　（7 段階評価）

　　　　　　　　1　　2　　3　　4　　5　　6　　7

　　　非常に不満　　　　　　中間　　　　　非常に満足

　これらの質問に対する回答結果を一覧表にしたのが次頁のデータ表である。
各質問間の関係の強さを分析せよ。

データ表

回答者	質問1	質問2	質問3	質問4	質問5	質問6
1	2	2	3	2	1	2
2	3	5	2	2	4	4
3	4	7	5	6	4	7
4	2	3	2	2	6	3
5	1	4	4	1	3	4
6	2	3	3	3	5	3
7	3	4	4	1	4	4
8	1	2	4	1	5	2
9	5	5	5	5	3	6
10	4	6	6	5	5	6
11	1	1	1	2	1	1
12	6	7	6	5	4	7
13	3	5	5	2	3	5
14	7	7	5	5	4	7
15	6	7	7	6	4	7
16	4	5	5	1	3	4
17	2	3	2	1	1	2
18	3	4	4	2	5	4
19	2	4	4	2	5	5
20	4	7	3	1	3	5
21	3	3	5	1	5	5
22	7	7	7	7	4	7
23	2	3	2	2	2	3
24	6	6	4	4	4	7
25	5	5	4	5	3	6
26	4	6	5	2	3	5
27	3	4	3	1	6	3
28	5	5	6	4	5	6
29	1	1	1	1	7	1
30	4	4	3	2	5	4

■ 順序尺度と順序尺度の相関係数

この例題におけるデータは順序尺度のデータである。一般に順序尺度のデータを統計的に解析するときは、つぎの3つの態度が考えられる。

① そのまま順序尺度のデータとして解析する。

② 順序情報を無視して名義尺度のデータとして解析する。

③ 等間隔であると仮定して（みなして）間隔尺度のデータとして解析する。

順序尺度のデータを解析する態度としては、当然ながら①の態度が最もよい。しかしながら、順序尺度のデータを解析する手法は間隔尺度のデータを解析する手法に比べて種類の数が少なく、解析結果も複雑になる傾向がある。そこで実務上は③の態度、すなわち、スケール間の間隔を等間隔であるとみなして、間隔尺度と同じように解析することが多い。これは理論的には問題があるものの、実務上のメリットのほうをとろうということである。

ところで、この例題5-2は7段階の評価結果であるが、7段階評価だから間隔尺度としてみなしてよく、3段階評価だからみなすのは不適切というような単純なものではない。むしろデータの構造のほうが影響を与える。ただし、経験上は5段階以上ならば、等間隔とみなして解析しても大きな不具合はないと言われている。ちなみに、中間回答が存在しない4段階や6段階の場合には、間隔尺度とみなして解析すべきでないという意見があることを記しておく。

■ 考え方

相関係数については、データを間隔尺度とみなすならば、先の例題と同じように通常の相関係数を計算すればよい。しかし、順序尺度として扱うならば、順位相関係数を計算することになる。

順位相関係数には**スピアマン（Spearman）の順位相関係数**と**ケンドール（Kendall）の順位相関係数**がある。

なお、本例題では間隔尺度のデータとみなして、相関係数を求めることにする。

■ 相関行列

　この例題は全部で6つの質問があるので、2つずつの組合せが15通りできることになる。したがって、15個の相関係数を計算する必要がある。このように複数（2つ以上）の相関係数を計算する場合には、関数 CORREL を用いるよりも、分析ツールを利用するほうが便利である。

　なお、得られた15個の相関係数は、相関係数を要素とする行列形式（相関行列）で表示するとよい。

■ Excel による解法

手順 1 データの入力

▲	A	B	C	D	E	F	G
1	質問1	質問2	質問3	質問4	質問5	質問6	
2	2	2	3	2	1	2	
3	3	5	2	2	4	4	
4	4	7	5	6	4	7	
5	2	3	2	2	6	3	
6	1	4	4	1	3	4	
7	2	3	3	3	5	3	
8	3	4	4	1	4	4	
9	1	2	4	1	5	2	
10	5	5	5	5	3	6	
11	4	6	6	5	5	6	
12	1	1	1	2	1	1	
13	6	7	6	5	4	7	
14	3	5	5	2	3	5	
15	7	7	5	5	4	7	
16	6	7	7	6	4	7	
17	4	5	5	1	3	4	
18	2	3	2	1	1	2	
19	3	4	4	2	5	4	
20	2	4	4	2	5	5	
21	4	7	3	1	3	5	
22	3	3	5	1	5	5	
23	7	7	7	7	4	7	
24	2	3	2	2	2	3	
25	6	6	4	4	4	7	
26	5	5	4	5	3	6	
27	4	6	5	2	3	5	
28	3	4	3	1	6	3	
29	5	5	6	4	5	6	
30	1	1	1	1	7	1	
31	4	4	3	2	5	4	

手順 ② 分析ツールの利用

［データ］－［データ分析］を選択する。

（注）　［データ］を選択したときに、［データ分析］が表示されないときには、［アドイン］で組み込む必要がある。組み込むには、Office ボタンから［Excel のオプション］に入り、［アドイン］をクリック。［管理：］のボックスに［Excel アドイン］を表示させ［設定］をクリックすればよい。

つぎのような分析ツールのボックスが現れる。

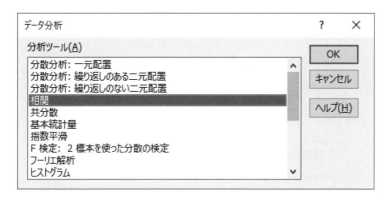

手順 ③ 相関の選択

［相関］を選択して、［OK］をクリックする。

次のようなダイアログボックスが現れる。

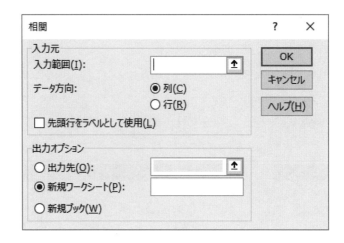

■手順 **4** 実行の準備

① ［入力範囲］のボックスにデータの範囲を入力する。この例では「A1：F31」とする。

② 先頭行の1行目はデータのタイトルなので［先頭行をラベルとして使用］にチェックを入れる。

③ ［出力先］に計算結果を表示させたいセルの先頭を指定する。

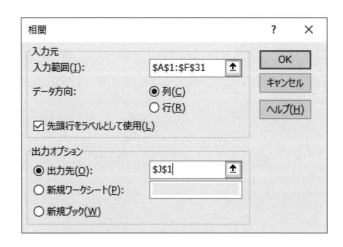

［OK］をクリックすると相関係数が計算される。

■ 相関分析の結果

	J	K	L	M	N	O	P	Q
1		質問1	質問2	質問3	質問4	質問5	質問6	
2	質問1	1						
3	質問2	0.850462	1					
4	質問3	0.719505	0.727752	1				
5	質問4	0.770532	0.662493	0.651235	1			
6	質問5	0.033006	0.006462	0.101405	0.01761	1		
7	質問6	0.876825	0.909051	0.819771	0.771137	0.094014	1	
8								

質問1と質問2の相関係数は0.85046となっている。

■ 相関係数に関する注意点

　ここで、質問5について考えてみる。質問5は講義時間が長すぎても、短すぎても好ましくなく、中間の4が最も好ましい状態になる。したがって、質問6（講習会全体の満足度）との散布図はつぎのようになる。

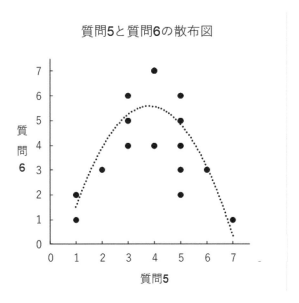

質問5と質問6の散布図

　質問5と質問6の間には2次の曲線関係が見られる。このようなときには、関係は強くても相関係数の値は0に近い値（0.09401）になるので注意する必要がある。

2-1 ● 重回帰分析の活用

例題 5-3

ある教育機関が講習会の満足度について、受講生 30 人を対象にアンケートを行った。
質問の内容はつぎの通りであった。どの質問も 7 段階評価である。

(質問 1) 講習会の内容は受講目的と一致していましたか？

　　　　　　1　　 2　　 3　　 4　　 5　　 6　　 7

　　　全く不一致　　　　　中間　　　　完全に一致

(質問 2) 講習会の内容はどの程度理解できましたか？

　　　　　　1　　 2　　 3　　 4　　 5　　 6　　 7

　　　全く理解できない　　 中間　　　 完全に理解できた

(質問 3) 教育施設の満足度はどの程度ですか？

　　　　　　1　　 2　　 3　　 4　　 5　　 6　　 7

　　　非常に不満　　　　　中間　　　　　非常に満足

(質問 4) 講習会全体の満足度はどの程度ですか？

　　　　　　1　　 2　　 3　　 4　　 5　　 6　　 7

　　　非常に不満　　　　　中間　　　　　非常に満足

これらの質問に対する回答結果を一覧表にしたのが次頁のデータ表である。

ここで、　（質問4）の回答結果である全体の満足度を y

　　　　　（質問1）の回答結果である目的の一致度を x_1

　　　　　（質問2）の回答結果である内容の理解度を x_2

　　　　　（質問3）の回答結果である施設の満足度を x_3

として、つぎのような y と x_1、x_2、x_3 の関係式を求めよ。

$$y = b_0 + b_1 x_1 + b_2 x_2 + b_3 x_3$$

データ表

NO.	質問 1	質問 2	質問 3	質問 4
1	2	2	2	2
2	3	5	2	4
3	7	7	6	7
4	2	4	2	3
5	3	4	1	4
6	2	3	1	3
7	3	5	1	4
8	1	1	1	2
9	5	5	5	6
10	5	6	5	6
11	1	1	2	1
12	6	7	5	7
13	4	5	2	5
14	7	7	5	7
15	6	7	6	7
16	4	5	1	5
17	2	3	1	2
18	3	4	2	4
19	4	6	2	5
20	4	6	1	5
21	4	6	1	5
22	7	7	7	7
23	2	3	2	3
24	6	6	4	7
25	5	5	5	6
26	4	6	2	5
27	3	4	1	3
28	5	5	4	6
29	1	1	1	1
30	4	5	2	4

■ 回帰分析

　回帰分析はある 1 つの変数と別の変数との関係式を利用して、

　　① 予測

　　② 要因解析（興味ある結果の原因を探索し、結果と原因の関係を特定する）

という 2 つの場面で利用されることが多い手法である。

　予測したい変数のことを**目的変数**と呼び、予測に使う変数のことを**説明変数**と呼ぶ。要因解析に適用する場合には、目的変数が結果を表す変数で、説明変数が原因を表す変数である。

　回帰分析には**単回帰分析**と**重回帰分析**がある。説明変数が 1 つの場合が単回帰分析で、2 つ以上の場合が重回帰分析である。

　単回帰分析は、目的変数 y を 1 個の説明変数 x の 1 次式で表すこと、つまり、

$$y = b_0 + b_1 x$$

という y と x の間の関係式を求める手法である。

　重回帰分析は、目的変数 y を p 個の説明変数 $x_1, x_2, x_3, \cdots, x_p$ の 1 次式で表すこと、つまり、

$$y = b_0 + b_1 x_1 + b_2 x_2 + b_3 x_3 + \cdots + b_p x_p$$

という y と $x_1, x_2, x_3, \cdots, x_p$ の間の関係式を求める手法である。

　b_0 を**切片**、あるいは、**定数項**と呼び、$b_1, b_2, b_3, \cdots, b_p$ を（偏）**回帰係数**と呼んでいる。

　回帰分析が適用できるデータのタイプは、目的変数が数量データのときである。説明変数のほうは数量データでも、カテゴリデータでもかまわない。ただし、説明変数にカテゴリデータを使う場合には、データの値が 0 か 1 しかとらない**ダミー変数**と呼ばれる変数を導入し、カテゴリデータを変換しなければならない。説明変数がすべてカテゴリデータの場合に用いられる解析手法に**数量化 I 類**と呼ばれる手法があるが、これは説明変数をすべてダミー変数にして重回帰分析を行うことと同等である。

　本例題の場合、目的変数と説明変数はともに順序尺度のデータであるから、カテゴリデータであるが、7 段階の評価結果を間隔尺度のデータとみなして、すなわち、数量データとみなして、重回帰分析を行うことにする。

■ Excel による解法

Excel で重回帰分析を実施するには、つぎの 2 つの方法がある。

① 回帰分析に関する統計関数（LINEST）を使う。
② 分析ツールの中の［回帰分析］を使う。

本書では分析ツールを用いた方法を紹介する。

手順 ① データの入力

説明変数 x_1 のデータを B2 から B31 に、

説明変数 x_2 のデータを C2 から C31 に、

説明変数 x_3 のデータを D2 から D31 に、

目的変数 y のデータを E2 から E31 に入力する。

（解析とは直接関係ないが、サンプル番号を A2 から A31 に入力しておく）

	A	B	C	D	E
1	NO.	X1	X2	X3	Y4
2	1	2	2	2	2
3	2	3	5	2	4
4	3	7	7	6	7
5	4	2	4	2	3
6	5	3	4	1	4
7	6	2	3	1	3
8	7	3	5	1	4
9	8	1	1	1	2
10	9	5	5	5	6
11	10	5	6	5	6
12	11	1	1	2	1
13	12	6	7	5	7
14	13	4	5	2	5
15	14	7	7	5	7

16	15	6	7	6	7
17	16	4	5	1	5
18	17	2	3	1	2
19	18	3	4	2	4
20	19	4	6	2	5
21	20	4	6	1	5
22	21	4	6	1	5
23	22	7	7	7	7
24	23	2	3	2	3
25	24	6	6	4	7
26	25	5	5	5	6
27	26	4	6	2	5
28	27	3	4	1	3
29	28	5	5	4	6
30	29	1	1	1	1
31	30	4	5	2	4

手順 2 分析ツールの呼び出し

［データ］－［データ分析］を選択する。

手順 3 回帰分析の選択

分析ツールのボックスの中から、［回帰分析］を選択する。

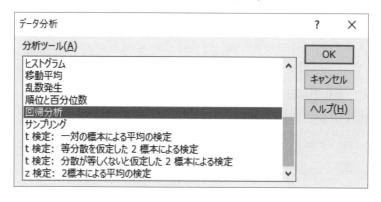

［OK］をクリックする。

手順 4 実行の準備

① ［入力範囲］のボックスにデータの範囲を入力する。この例では「A1:F31」とする。

［入力 Y 範囲］のボックスに、目的変数のデータが入力されている範囲を入力する。この例では、E1 から E31 に目的変数のデータが入力されているので、「E1:E31」と入力する。先頭行の E1 は、データラベルなので、［ラベル］にチェックを入れる。

② ［入力 X 範囲］のボックスに、説明変数のデータが入力されている範囲を入力する。この例では、B1 から D31 に説明変数のデータが入力されているので、「B1:D31」と入力する。

③ ［一覧の出力先］に計算結果を表示させたいセルの先頭を指定する。

④ ［残差］と［標準化された残差］にチェックを入れる。

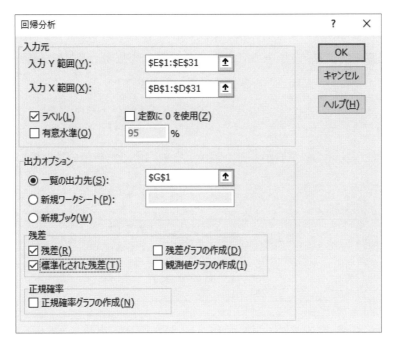

［OK］をクリックする。

以上の手順で重回帰分析が実行される。

■ 回帰分析の結果

【 回帰係数と回帰式 】

	G	H	I	J	K	L	M	N	O	P
15										
16		係数	標準誤差	t	P-値	下限 95%	上限 95%	下限 95.0%	上限 95.0%	
17	切片	0.32494	0.22765	1.42735	0.16538	-0.14301	0.79288	-0.14301	0.79288	
18	X1	0.66813	0.18091	3.69314	0.00104	0.29626	1.04000	0.29626	1.04000	
19	X2	0.32386	0.12808	2.52869	0.01786	0.06060	0.58713	0.06060	0.58713	
20	X3	0.04576	0.09144	0.50041	0.62100	-0.14220	0.23372	-0.14220	0.23372	
21										

EXCELによって求めた回帰式は、つぎのようになる。

$$y = 0.32494 + 0.66813\, x_1 + 0.32386\, x_2 + 0.04576\, x_3$$

偏回帰係数の符号は、データの背後にある技術的・学理的知識に照らして検討する。偏回帰係数の符号が常識と反するとき、その原因の1つに説明変数同士の相関が高いことが考えられる。説明変数同士の相関が高いことを**多重共線性**が存在するという。

【 分散分析表 】

回帰式の有意性（統計的に意味があるか否か）を検討するための分散分析表は、つぎのようになる。

	G	H	I	J	K	L	M
10	分散分析表						
11		自由度	変動	分散	観測された分散比	有意 F	
12	回帰	3	96.6074	32.2025	172.3023	2.85E-17	
13	残差	26	4.8593	0.1869			
14	合計	29	101.4667				
15							

有意 F の数値（有意確率）＝ 2.85×10^{-17} ＜有意水準 0.05

であるから、回帰式には意味があるという結論になる。

なお、この検定における仮説は、つぎのように表記される。

帰無仮説 H_0 : $\beta_1 = \beta_2 = \beta_3 = 0$ （回帰式には意味がない）

対立仮説 H_1 : 少なくとも1つの j について $\beta_j \neq 0$ （回帰式には意味がある）

（注）β_j は母回帰係数

【 寄与率（決定係数）】

回帰式の有効性（実際に役に立つか否か）を評価するための指標として**寄与率（＝決定係数）**がある。

寄与率は目的変数 y の変動のうち、回帰式によって説明のつく変動の割合を示す指標で、

$$寄与率 = \frac{回帰の変動}{目的変数の変動}$$

で求められる。

たとえば、寄与率が 0.55 であるというのは、目的変数 y の持つ情報のうち、55%は説明変数の変動で説明できることを示している。したがって、寄与率が 1 に近いほど、回帰式の当てはめがうまくいっていることになる。寄与率は R^2 という記号で表記される。寄与率 R^2 の平方根 R を**重相関係数**という。

さて、寄与率は説明変数の数を増やすほど、その変数が有用なものであろうとなかろうと、高い値になっていくという問題点を抱えている。そこで、無意味な変数を説明変数として使ったときには、その数値が下がるように、自由度で補正した寄与率が使われる。これを**自由度調整済み寄与率**という。自由度調整済み寄与率を R^{*2} で表すと、寄与率 R^2 との間にはつぎのような関係が成り立つ。

$$R^{*2} = 1 - \frac{n-1}{n-p-1}(1-R^2)$$

ここで、n をサンプルの大きさ、p を説明変数の数とする。

自由度をさらにもう一度調整した寄与率を**自由度二重調整済み寄与率**（R^{**2} と表す）といい、この指標もよく使われる。

$$R^{**2} = 1 - \frac{n+p+1}{n+1} \times \frac{n-1}{n-p-1}(1-R^2)$$

	G	H	I
1	概要		
2			
3	回帰統計		
4	重相関 R	0.97576	
5	重決定 R2	0.95211	
6	補正 R2	0.94658	
7	標準誤差	0.43231	
8	観測数	30	
9			

「重相関 R」　＝重相関係数

「重決定 R2」　＝寄与率

「補正 R2」　＝自由度調整済み寄与率

この例題では、

$$\text{寄与率} \qquad R^2 \quad = \quad 0.95211$$

$$\text{自由度調整済み寄与率} \qquad R^{*2} \quad = \quad 0.94658$$

$$\text{自由度二重調整済み寄与率} \quad R^{**2} \quad = \quad 0.94141$$

$$(n=30、p=3)$$

と計算される（自由度二重調整済み寄与率は公式より計算した結果である）。

【 残差の標準偏差 】

　実際の y の値と回帰式による y の予測値との差を**残差**という。残差が全体的に小さい回帰式ほど有効な回帰式であるという見方ができる。残差が小さいかどうかは残差の標準偏差で評価する。

　（注）残差の合計と平均は必ず 0 になり、評価指標にはならない。

　残差の標準偏差は寄与率と同様に回帰式の有効性（実際に役に立つか否か）を評価するための指標である。

　EXCEL では［回帰統計］の中の「標準誤差」が残差の標準偏差を表している。

　この例題では、

$$\text{残差の標準偏差}=0.43231$$

と計算される。

【 偏回帰係数の t 値と p 値 】

　各説明変数の目的変数 y に対する影響度の大小は、偏回帰係数の値の大小で判断してはいけない。

　いま、

$$y=2\,x_1+10\,x_2$$

という回帰式が得られたとする。このときに、x_2 のほうが x_1 よりも y に対する影響力が強いと考えてはいけない。なぜならば、偏回帰係数の値は x_1、x_2 の単位のとりかたによって変化してしまうからである。仮に、x_2 が m（メートル）単位であるときに、これを cm（センチメート

ル）単位に直すと、偏回帰係数の 10 は 0.1 になる。また、x_1 と x_2 の単位が違う場合などは比較することもできない。

　そこで、偏回帰係数の有意性を判断するための t 値と p 値で判断することになる。t 値の絶対値が大きな変数ほど目的変数 y を予測（説明）する上での貢献度が高いと考える。この例題では、つぎのような t 値と p 値が得られる。

	G	H	I	J	K	L	M	N	O	P
15										
16		係数	標準誤差	t	P-値	下限 95%	上限 95%	下限 95.0%	上限 95.0%	
17	切片	0.32494	0.22765	1.42735	0.16538	-0.14301	0.79288	-0.14301	0.79288	
18	X1	0.66813	0.18091	3.69314	0.00104	0.29626	1.04000	0.29626	1.04000	
19	X2	0.32386	0.12808	2.52869	0.01786	0.06060	0.58713	0.06060	0.58713	
20	X3	0.04576	0.09144	0.50041	0.62100	-0.14220	0.23372	-0.14220	0.23372	
21										

　p 値によって、偏回帰係数の有意性を判定することができる。有意でない変数は、目的変数 y を予測するのに不要な変数であると結論づけられる。

　この例題では x_3 の p 値が 0.621 なので、有意水準を 0.05 とするならば、p 値は有意水準よりも大きいので不要な変数ということになる。p 値は t 値の逆で小さい変数ほど重要な変数であると考える。

　なお、t 値の代わりに F 値を利用することもある。

$$F 値 ＝ （t 値）^2$$

　経験的には、F 値が 2 以上ならば有効な変数、2 未満ならば不要な変数として変数を選択し、有効な変数だけで回帰式を作成すると、良い回帰式が得られるといわれている。

■ 重回帰分析適用上の注意事項

　重回帰分析は回帰式を求めることを目的としているが、回帰式が求まればそれで終わりというわけにはいかない。つぎに述べるようなことも検討する必要がある。

(1) 重要な変数と不要な変数の選別

　目的変数 y を予測するために重回帰分析の適用を考えたときに、説明変数に使おうとしてい

る変数が x_1、x_2、x_3 と 3 つあるとする。このとき 3 つの変数をすべて使わなくても、x_1 と x_2 の 2 つの説明変数で y を予測でき、x_3 は不要ではないかということを検討するのが変数選択の問題である。

不要な変数を含んだ回帰式、それとは逆に、有効な変数を含んでいない回帰式は、どちらにしても予測精度が悪くなる。したがって、有効な変数と不要な変数を選別し、最適な回帰式を探索することは、重回帰分析を適用する上での課題である。

重回帰分析における説明変数の選択方法として、つぎのようなものが提唱されている。

① 総当たり法

② 逐次変数選択法

③ 対話型変数選択法

総当たり法というのは、すべての説明変数の組合せについて回帰式を作成し、どの回帰式が良いかを検討する方法である。説明変数の数を p とすると、$2^p - 1$ 通りの回帰式を算出して検討する。この方法は、説明変数の数が少ないときに最良な方法である。ところが、説明変数の数が大きくなると計算量は膨大なものになり、検討する回帰式の数も多くなってしまう。 たとえば、説明変数の数が 4 のときには、回帰式は 15 通り算出される。5 のときには、31 通りにもなってしまう。説明変数の数が 4 から 5 までが限度であろう。

逐次変数選択法は、各偏回帰係数の有意性にもとづいて、有効な変数と不要な変数を振り分ける方法である。

この方法には、**変数増加法**、**変数減少法**、**変数増減法**、**変数減増法**と呼ばれる 4 つの方法がある。変数増加法と変数減少法は、それぞれ欠点をもっており、その欠点を修正したものが、変数増減法と変数減増法である。

変数増減法は、最初に目的変数と最も関係の強い説明変数を 1 つ選択する。つぎに、その変数と組み合わせたときに最も寄与率が高くなる変数を選択する。これを順次繰り返す。この過程で、一度選択した変数の中に不要な変数が出てきたときには、その変数を除去するという方法である。

変数減増法は、最初にすべての説明変数を用いた回帰式を作成する。つぎに、目的変数と最も関係の弱い説明変数を 1 つ除去する。これを順次繰り返す。この過程で、一度除去した変数

の中に有効な変数が出てきたときには、その変数を再度選択するという方法である。

　対話型変数選択法は、コンピュータと対話しながら、変数増減法（変数減増法）を行う方法である。

　以上のどの方法もそれぞれ長所と短所があり、現在のところは、解析者が統計的な変数選択の基準に、技術的・学理的知識を加えて、コンピュータと対話しながら変数選択を行う対話型変数選択法が最も良い方法であるといえよう。Excel では総当たり法（同じようなことを何度も実施する必要はあるが）と逐次変数選択法の中の変数減少法ならば実施できるが、変数の数が多くなると面倒である。

(2) 多重共線性の検討

　重回帰分析では、説明変数同士は互いに独立であることが望まれている。互いに独立とは互いに無関係ということである。しかし、実際には説明変数同士が無関係という状態にはならないことのほうが圧倒的に多い。

　説明変数同士につぎのような関係が存在している状態を**多重共線性**が存在しているという。

① ある2つの説明変数同士の相関関係が1または−1である。

② ある2つの説明変数同士の相関関係が1または−1に近い。

③ ある3つ以上の説明変数同士の関係を1次式で表すことができる。

$$c_1 x_1 + c_2 x_2 + c_3 x_3 + \cdots + c_p x_p = 定数（一定）$$

④ ある3つ以上の説明変数同士の関係を1次の近似式で表すことができる。

$$c_1 x_1 + c_2 x_2 + c_3 x_3 + \cdots + c_p x_p \fallingdotseq 定数（一定）$$

　上記①または③の状態にあるデータに重回帰分析を適用すると、「回帰係数が求まらない」という現象を引き起こす。

　上記②または④の状態にあるデータに重回帰分析を適用すると、「偏回帰係数の符号が単相関係数の符号と合わない」、「偏回帰係数の値が大きく変動する」、「寄与率は高いのに、個々の偏回帰係数は統計的に有意でない」といったような不可解な現象を引き起こす。

2-2 ● 重回帰分析における説明変数の選択

重回帰分析における説明変数を選択する方法として、Excel でも実施可能な方法を紹介していくことにする。

■ 総当たり法

先の例題では説明変数が x_1、x_2、x_3 と 3 つ存在した。総当たり法は、これら 3 つの説明変数のすべての組合せについて、回帰分析を実施して、結果を比較する方法である。

総当たり法の結果は、以下のような一覧表に整理するとよいであろう。

説明変数	x_1	x_2	x_3	寄与率 R^2	調整済み R^{*2}
x_1	20.5707			0.9379	0.9357
x_2		13.2502		0.8625	0.8575
x_3			6.4295	0.5962	0.5818
x_1，x_2	7.0574	2.7671		0.9516	0.9481
x_1，x_3	12.4791		−1.0410	0.9403	0.9359
x_2，x_3		11.0603	4.8851	0.9270	0.9216
x_1，x_2，x_3	3.6931	2.5287	0.5004	0.9521	0.9466

t 値

寄与率 R^2 の値が最も大きくなっているのは、説明変数を 3 つすべて使ったときで、これは数学的には事前にわかっていることであり、この回帰式が最も良いと判断してはいけない。重回帰分析では、説明変数の数を増やすほど、寄与率が大きくなることがわかっているからである。そこで、自由度調整済み寄与率 R^{*2} の値が最も大きくなる回帰式を探すと、x_1 と x_2 を使ったときの回帰式であることがわかる。

なお、x_1 だけの回帰式も自由度調整済み寄与率 R^{*2} の値 0.9357 であり、x_1 と x_2 を使ったときの自由度調整済み寄与率 R^{*2} の値 0.9481 と大差はない。このようなときには、説明変数の数が少ない x_1 だけの回帰式を用いるほうが良いという考え方もある。

また、x_3 の t 値の符号（これは回帰係数の符号と一致する）が、説明変数との組合せにより変化してしまっていることがわかる。このような変数を含んだ回帰式は好ましいものとは言えない。ちなみに、x_3 は興味深い振る舞いをしていることがわかる。すなわち、t 値を見ると、x_1 と組み合わせて使うと、小さな値となり、x_2 と組み合わせて使うか、x_3 単独で使うと、t 値は大きな値となっている。このような振る舞いの原因は、x_3 と他の説明変数との間に、相関があることによると考えられる。

　以上のように、総当たり法の結果を吟味することは、様々な知見が得られることがわかるであろう。しかし、説明変数の数が 3 つでも、このように 7 通りの回帰式を比較することになり、実務的には 4 つ（15 通り）ないし 5 つ（31 通り）までが限度であろう。

■ 変数減少法の実際

　最初にすべての説明変数を投入した回帰分析を実施して、最も「役に立っていない」説明変数を見つけて、その変数を除いた回帰分析を実施する。そこでまた、役に立っていない変数を見つけて、その変数を除いた回帰分析を実施するというように、順次、説明変数を減らしていく方法を変数減少法という。役に立っているかどうかは t 値の絶対値で判断する。

　先の例題では、最初にすべての説明変数を投入した結果が以下のように得られる。

	係数	標準誤差	t	P-値	下限 95%	上限 95%
切片	0.32494	0.22765	1.42735	0.16538	-0.14301	0.79288
x_1	0.66813	0.18091	3.69314	0.00104	0.29626	1.04000
x_2	0.32386	0.12808	2.52869	0.01786	0.06060	0.58713
x_3	0.04576	0.09144	0.50041	0.62100	-0.14220	0.23372

　ここで t 値の最も小さい変数 x_3 を除いて、回帰分析を実施する。

　つぎのような結果が得られる。

	係数	標準誤差	t	P-値	下限 95%	上限 95%
切片	0.34086	0.22227	1.53356	0.13677	−0.11519	0.79691
x_1	0.74130	0.10504	7.05743	0.00000	0.52578	0.95682
x_2	0.28741	0.10387	2.76707	0.01009	0.07429	0.50053

この段階で再び t 値の最も小さい変数 x_2 を除いて、回帰分析を実施する。

つぎのような結果が得られる。

	係数	標準誤差	t	P-値	下限 95%	上限 95%
切片	0.67965	0.20638	3.29318	0.00269	0.25690	1.10240
x_1	1.00531	0.04887	20.57069	0.00000	0.90520	1.10542

　このように、説明変数を 1 つずつ除去していくと、最後は必ず説明変数の数は 1 つになってしまう。最後の 1 つまで実施して、途中経過を吟味するという方法と、役に立っている変数だけで構成された段階で、説明変数を除去するのを止めるという方法がある。役に立っているかどうかどうかを判断する目安としては、｜t 値｜が 1.4（2 の平方根）以上ならば、役に立っていると判断すると良いだろう。この例では、x_3 を除いて、x_1 と x_2 になった段階で止めることになる。

付録 Excelの統計関数

1 統計量計算のための関数

■VAR　VAR.S　VARP　VAR.P

　データの分散の値を算出する関数に VAR、VAR.S、VARP、VAR.P がある。分散には以下の2通りの求め方が存在する。

　（1）　（平方和）÷（データ数−1）

　（2）　（平方和）÷（データ数）

　（1）の方法で求める分散を特に不偏分散と呼んでいる。この分散の値を算出する関数が VAR または VAR.S である。一方、（2）の方法で分散を計算するのが VARP または VAR.P である。実務で（2）の方法による分散を用いることはほとんどなく、通常は（1）の方法による分散を用いる。（2）の方法を用いるのは母集団の要素をすべて調べる全数調査のときだけである。

■STDEV　STDEV.S　STDEVP　STDEV.P

　データの標準偏差の値を算出する関数に STDEV、STDEV.S、STDEVP、STDEV.P がある。標準偏差には以下の2通りの求め方が存在する。

　（1）　{（平方和）÷（データ数−1）} の平方根

　（2）　{（平方和）÷（データ数）}　　の平方根

　（1）の方法で標準偏差の値を算出する関数が STDEV または STDEV.S であり、（2）の方法で標準偏差の値を算出する関数が STDEVP、STDEV.P である。先の分散と同じで、通常は（1）の方法で求めた標準偏差を用いる。

■AVERAGEIF　AVERAGEIFS

　データを層別したときの平均値を求める関数に AVERAGEIF と AVERAGEIFS がある。層別したときの平均値とは、たとえば、複数の人の体重を測定したときに、男と女に分けて、男の平均値と女の平均値を計算したときの平均値のことを男女で層別した平均値という。AVERAGEIF と AVERAGEIFS の違いは、層別に用いる項目（層別因子あるいは層別要因と呼ばれている）が男女のように1つだけのときには AVERAGEIF を使い、男女別かつ血液型別のように2つ以上あるときには、AVERAGEIFS を使う。

■QUARTILE　QUARTILE.INC　QUARTILE.EXC

データの第1四分位数（25 パーセンタイル）と第3四分位数（75 パーセンタイル）の値を算出する関数に QUARTILE 、QUARTILE.INC 、QUARTILE.EXC がある。QUARTILE と QUARTILE.INC は同じ結果を与える。QUARTILE.INC と QUARTILE.EXC の違いは中央値を含めて四分位数を考えるのが QUARTILE.INC で、中央値を除いて四分位数を考えるのが QUARTILE.EXC である。これらの関数の形式は次のようになる。

＝QUARTILE（データの入力範囲,戻り値）

＝QUARTILE.INC（データの入力範囲,戻り値）

＝QUARTILE.EXC（データの入力範囲,戻り値）

第1四分位数を求めるときには戻り値として1を指定する。

第3四分位数を求めるときには戻り値として3を指定する。

【注1】箱ひげ図の四分位数

箱ひげ図の作成においても中央値を含んだ四分位数を使うか、含まない四分位数を使うかを選択できるようになっている。

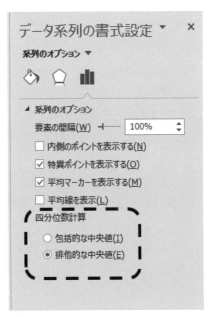

2 検定におけるp値計算のための関数

■ZTEST　Z. TEST

1つの母平均に関する検定を行うときに用いる関数に ZTEST と Z.TEST がある。検定する仮説は次のようになる。

H₀ : $\mu = \mu_0$　　（μ_0 はある数値）

この関数は母標準偏差がわかっている（母標準偏差既知）ときに用いるもので、次のような形式となる。

=ZTEST（データの入力範囲，μ_0 の値，既知の母標準偏差 σ の値）

=Z.TEST（データの入力範囲，μ_0 の値，既知の母標準偏差 σ の値）

この関数で求められるp値は片側の値なので、両側仮説の検定を行うときには、算出されたp値を2倍する必要がある。

なお、母標準偏差の値 σ が未知のときには、この関数の最後の引数を省略して、以下のようにしてもp値は算出される。

=ZTEST（データの入力範囲，μ_0 の値）

=Z.TEST（データの入力範囲，μ_0 の値）

この場合、母標準偏差の σ の代わりに、データから算出した標準偏差が使われる。このときに注意する必要があるのは、データから算出した標準偏差を用いる検定は、母標準偏差未知のときの1つの母平均に関する検定ということになり、正規分布を使った Z 検定を用いるのは厳密には誤りで、t分布を使う検定になるということである。したがって、σ の値を省略して用いる方法は原則としては避けるべきである。ただし、データの数 *n* が 30 以上であれば、実務的には問題ないであろう。

【注2】分析ツールのZ検定

分析ツールで実施されるZ検定は関数 ZTEST あるいは Z.TEST が行うZ検定とは異なるものである。

分析ツールでは、「母標準偏差が既知のときの」2つの母平均の差の検定が行われる。検定の仮説は次のようになる。

H₀ : $\mu_A = \mu_B$

（σ_A と σ_B の値は既知）

■FTEST　F. TEST

2つの母分散の比に関する検定を行うときに用いる関数に FTEST と F.TEST がある。検定する仮説は次のようになる。

$H_0 : \sigma_A^2 = \sigma_B^2$

この関数は次のような形式となる。

=FTEST（グループ A のデータの入力範囲，グループ B のデータの入力範囲）

=F.TEST（グループ A のデータの入力範囲，グループ B のデータの入力範囲）

この関数で求められる p 値は両側の値なので、片側仮説の検定を行うときには、算出された p 値を 2 で割る必要がある。

【注3】分析ツールの F 検定

分析ツールで行うことができる F 検定は片側の p 値が算出される。

■TTEST　T. TEST

2つの母平均の差の検定（母標準偏差が未知のとき）を行うときに用いる関数に TTEST と T.TEST がある。検定する仮説は次のようになる。

$H_0 : \mu_A = \mu_B$

この関数は次のような形式となる。

=TTEST（グループ A のデータの入力範囲，グループ B のデータの入力範囲，①，②）

=T.TEST（グループ A のデータの入力範囲，グループ B のデータの入力範囲，①，②）

① について　片側検定のときは1　　両側検定のときは2

② について　対応のある t 検定とのきは1

対応のない t 検定で等分散を仮定するときは2、仮定しないときは3

と指定する。なお、等分散を仮定しない t 検定は「Welch の t 検定」と呼ばれている。

■CHITEST　CHISQ.TEST

適合度の χ^2 検定の p 値を算出する関数に CHITEST と CHISQ.TEST がある。この関数は次のような形式となる。

=CHITEST（実測度数の入力範囲，期待度数の入力範囲）

=CHISQ.TEST（実測度数の入力範囲，期待度数の入力範囲）

3 確率計算のための関数

［1］ t 分布

■TINV T.INV T.INV.2T

確率 α を与えて、自由度 ϕ の t 分布の点を返す関数に TINV、T.INV 、T.INV.2T がある。

< 両側確率 α >

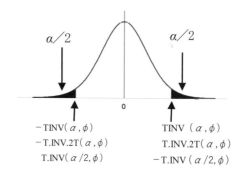

< 上片側確率 α >

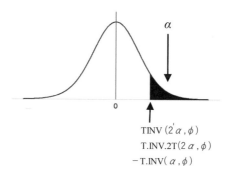

< 下片側確率 α >

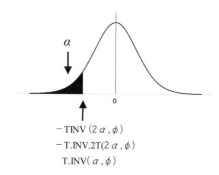

■TDIST　T.DIST　T.DIST.RT　T.DIST.2T

　自由度 ϕ の t 分布の点 k（>0）を与えて、確率 α を返す関数に TDIST、T.DIST、 T.DIST.RT 、T.DIST.2T がある。

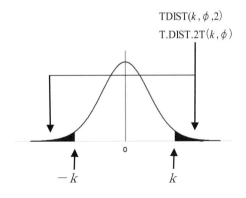

$$\text{TDIST}(k,\phi,2)$$
$$\text{T.DIST.2T}(k,\phi)$$

$-k \qquad k$

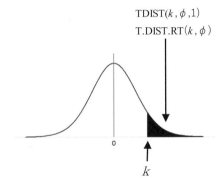

$$\text{TDIST}(k,\phi,1)$$
$$\text{T.DIST.RT}(k,\phi)$$

k

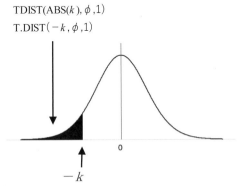

$$\text{TDIST}(\text{ABS}(k),\phi,1)$$
$$\text{T.DIST}(-k,\phi,1)$$

$-k$

［2］ χ_2 分布

■CHIINV　CHISQ.INV　CHISQ.INV.RT

　確率 α を与えて、自由度 ϕ の χ^2 分布の点を返す関数に CHIINV、 CHISQ.INV、CHISQ.INV.RT がある。

< 両側 α >

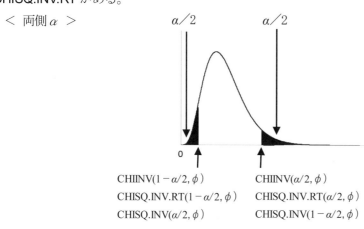

< 上片側 α >

< 下片側 α >

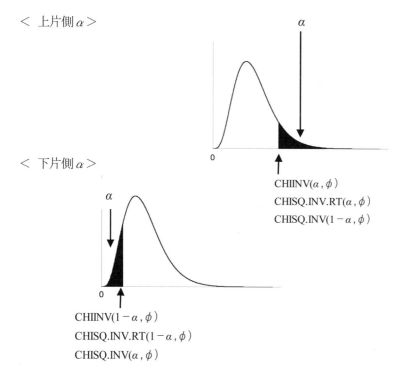

■CHIDIST　CHISQ.DIST　CHISQ.DIST.RT

　自由度 ϕ の χ^2 分布の点 k を与えて、確率 a を返す関数として、CHIDIST、CHISQ.DIST、CHISQ.DIST.RT がある。

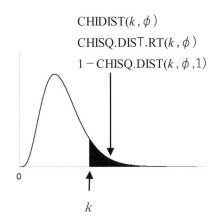

$\text{CHIDIST}(k, \phi)$
$\text{CHISQ.DIST.RT}(k, \phi)$
$1 - \text{CHISQ.DIST}(k, \phi, 1)$

k

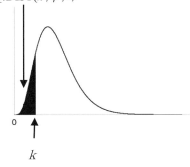

$1 - \text{CHIDIST}(k, \phi)$
$1 - \text{CHISQ.DIST.RT}(k, \phi)$
$\text{CHISQ.DIST}(k, \phi, 1)$

k

[3] F 分布

■FINV F.INV F.INV.RT

確率 α を与えて、第1自由度 ϕ_1、第2自由度 ϕ_2 のF分布の点を返す関数に FINV、F.INV 、F.INV.RT、がある。

< 両側 α >

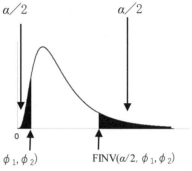

$$\alpha/2 \qquad \alpha/2$$

FINV$(1-\alpha/2, \phi_1, \phi_2)$ FINV$(\alpha/2, \phi_1, \phi_2)$

F.INV.RT$(1-\alpha/2, \phi_1, \phi_2)$ F.INV.RT$(\alpha/2, \phi_1, \phi_2)$

F.INV$(\alpha/2, \phi_1, \phi_2)$ F.INV$(1-\alpha/2, \phi_1, \phi_2)$

< 上片側 α >

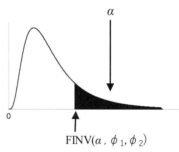

$$\alpha$$

FINV(α, ϕ_1, ϕ_2)

F.INV.RT(α, ϕ_1, ϕ_2)

F.INV$(1-\alpha, \phi_1, \phi_2)$

< 下片側 α >

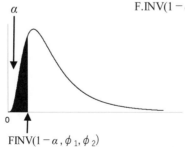

$$\alpha$$

FINV$(1-\alpha, \phi_1, \phi_2)$

F.INV.RT$(1-\alpha, \phi_1, \phi_2)$

F.INV(α, ϕ_1, ϕ_2)

■FDIST F.DIST F.DIST.RT

　第1自由度ϕ_1、第2自由度ϕ_2のF分布の点 k を与えて、確率αを返す関数として、FDIST、F.DIST、F.DIST.RT がある。

$$\text{FDIST}(k, \phi_1, \phi_2)$$
$$\text{F.DIST.RT}(k, \phi_1, \phi_2)$$
$$1 - \text{F.DIST}(k, \phi_1, \phi_2, 1)$$

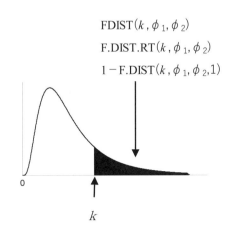

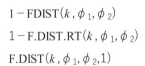

$$1 - \text{FDIST}(k, \phi_1, \phi_2)$$
$$1 - \text{F.DIST.RT}(k, \phi_1, \phi_2)$$
$$\text{F.DIST}(k, \phi_1, \phi_2, 1)$$

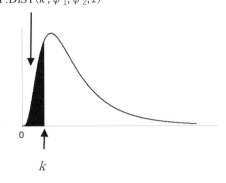

●　参考文献　●

［1］　内田・醍醐『成功するアンケート調査入門』日本経済新聞社（1992）

［2］　内田・醍醐『実践　アンケート調査入門』日本経済新聞社（2001）

［3］　内田　治『すぐわかる EXCEL による統計解析（第 2 版）』東京図書（2000）

［4］　内田　治『すぐわかる EXCEL による多変量解析（第 2 版）』東京図書（2000）

［5］　内田　治『すぐわかる SPSS によるアンケートの調査・集計・解析（第 6 版）』東京図書（2019）

［6］　川畑篤輝『マーケティング・リサーチの実務』日刊工業新聞社（1998）

［7］　飽戸　弘『社会調査ハンドブック』日本経済新聞社（1987）

［8］　原・海野『社会調査演習』東京大学出版会（1984）

［9］　辻・有馬『アンケート調査の方法』朝倉書店（1987）

［10］　広津千尋『臨床試験データの統計解析』廣川書店（1992）

［11］　丹後俊朗『臨床検査への統計学』朝倉書店（1986）

［12］　博報堂マーケティング創造集団編『テクノ・マーケティング』日本能率協会（1983）

［13］　Garmt B. Dijksterhuis: MULTIVARIATE DATA ANALYSIS IN SENSORY AND
CONSUMER SCIENCE, FOOD & NUTRITION PRESS, INC.（1997）

［14］　Per Lea, Tormod Naes, Marit Rodbotte : Analysis of Variance for Sensory Data, John Wiley
& Sons Ltd.（1997）

［15］　BEVERLY J. DRETZKE, KENNETH A. HEILMAN : STATISTICS WITH MICROSOFT
EXCEL, PRENTICE-HALL, INC.（1998）

［16］　Mildred L. Patten : Questionnaire Research A Practical Guide, Pyrczak Publishing（1998）

［17］　Derek R. Allen and T. R. Rao : Analysis of Customer Satisfaction Data, American Society for
Quality（1998）

［18］　内田　治『すぐわかる EXCEL によるアンケートの調査・集計・解析（第 2 版）』東京図書（2002）

［19］　内田　治『すぐに使える EXCEL によるアンケートの集計と解析』東京図書（2009）

［20］　Thomas J. J. Quirk　 : Excel 2016 for Health Services Management Statistics: A Guide to
Solving Problems (Excel for Statistics) , Springer（2016）

事項索引

関数索引

著者紹介

内田 治 (うちだ おさむ)

現　在　東京情報大学、および、日本女子大学大学院 非常勤講師

著　書　『数量化理論とテキストマイニング』日科技連出版社（2010）
　　　　『ビジュアル 品質管理の基本(第5版)』日本経済新聞社（2016）
　　　　『SPSS によるロジスティック回帰分析(第2版)』オーム社（2016）
　　　　『すぐに使える EXCEL による品質管理』東京図書（2011）
　　　　『すぐわかる SPSS によるアンケートの多変量解析(第3版)』
　　　　東京図書（2011）
　　　　『すぐわかる SPSS によるアンケートの調査・集計・解析(第6版)』
　　　　東京図書（2019）
　　　　『JMP によるデータ分析(第3版)』（共著）東京図書（2020）
　　　　『JMP による医療・医薬系データ分析(第2版)』（共著）東京図書（2021）
　　　　『JMP による医療系データ分析(第3版)』（共著）東京図書（2023）
　　　　その他
訳　書　『官能評価データの分散分析』（共訳）東京図書（2010）

Excelによるアンケート分析
　　—集計・グラフ化から統計解析まで—

2020 年 4 月 25 日　第 1 刷発行
2024 年 11 月 25 日　第 3 刷発行

著　者　内　田　　治

発行所　東京図書株式会社

〒102-0072　東京都千代田区飯田橋3-11-19
振替00140-4-13803　電話03（3288）9461
URL http://www.tokyo-tosho.co.jp/

ISBN 978-4-489-02327-9

●コトバがわかれば統計はもっと面白くなる

すぐわかる統計用語の基礎知識

石村貞夫・Dアレン・劉晨 著　　定価 3080 円　ISBN 978-4-489-02233-3

●すべての疑問・質問にお答えします！

入門 はじめての統計解析

石村貞夫 著　　定価 2640 円　ISBN 978-4-489-00746-0

●多変量解析とはこういうことだったのか

入門 はじめての多変量解析

石村貞夫・石村光資郎 著　　定価 2640 円　ISBN 978-4-489-02000-1

●公式と例題を見比べながら計算しよう！

入門 はじめての分散分析と多重比較

石村貞夫・石村光資郎 著　　定価 3080 円　ISBN 978-4-489-02029-2

●時系列分析で近未来を予測する

改訂版 入門 はじめての時系列分析

石村貞夫・石村友二郎 著　　定価 3080 円　ISBN 978-4-489-02407-8

●データのパターン選択からすぐに解析可能

すぐわかる医療統計の選び方

石村貞夫・石村光資郎 著　　久保田基夫 監修

定価 3520 円　ISBN 978-4-489-02418-4

●複雑な計算はエクセルにおまかせ。数学をつかう意味を理解して、ナットク

数学をつかう 意味がわかる 統計学のキホン

石村友二郎 著　石村貞夫 監修　定価 2200 円　ISBN 978-4-489-02359-0

東京図書